中国海南菜烹饪技艺传承与创新新形态一体化系列教材

"海南省中高职（衔接）海南菜地方特色专业课程标准与教材开发"成果系列教材

总主编 杨铭铎

海南小吃制作

HAINAN XIAOCHI ZHIZUO

主　编	黄　蕊	孙孝贵	冯　峰		
副主编	陈丽娜	王嘉潇	卓珠琼	张相腾	郑　璋
编　者	（按姓氏拼音排序）				
	陈丽娜	陈振雷	冯　峰	黄　蕊	劳振兴
	邱引菇	孙孝贵	王嘉潇	王　许	云静怡
	张相腾	郑　璋	卓珠琼		

华中科技大学出版社
http://press.hust.edu.cn
中国·武汉

内 容 简 介

本书是中国海南菜烹饪技艺传承与创新新形态一体化系列教材。

本书共6个项目，包括主食系列，糯米粑系列，杂粮糕点系列，大众茶点系列，咸、甜汤食系列以及特色米粉系列。

本书可用于餐饮类、旅游类等相关专业的教学，也可作为餐饮文化爱好者的参考用书。

图书在版编目（CIP）数据

海南小吃制作 / 黄蕊，孙孝贵，冯峰主编. -- 武汉：华中科技大学出版社，2024.12. --（中国海南菜烹饪技艺传承与创新新形态一体化系列教材）. -- ISBN 978-7-5772-1508-2

Ⅰ. TS972.142.66

中国国家版本馆 CIP 数据核字第 2025UD7886 号

海南小吃制作   黄　蕊　孙孝贵　冯　峰　主编
Hainan Xiaochi Zhizuo

策划编辑：汪飒婷
责任编辑：张　琴
封面设计：原色设计
责任校对：朱　霞
责任监印：周治超

出版发行：华中科技大学出版社（中国·武汉）　电话：（027）81321913
　　　　　武汉市东湖新技术开发区华工科技园　邮编：430223
录　　排：华中科技大学惠友文印中心
印　　刷：武汉科源印刷设计有限公司
开　　本：889 mm×1194 mm　1/16
印　　张：10.75
字　　数：261 千字
版　　次：2024 年 12 月第 1 版第 1 次印刷
定　　价：49.80 元

本书若有印装质量问题，请向出版社营销中心调换
全国免费服务热线：400-6679-118　竭诚为您服务
版权所有　侵权必究

中国海南菜烹饪技艺传承与创新新形态一体化系列教材
"海南省中高职（衔接）海南菜地方特色专业课程标准与教材开发"
成果系列教材

编委会

主　任

崔昌华　海南经贸职业技术学院院长
卢桂英　海南省教育研究培训院副院长
陈建胜　海南省烹饪协会会长
黄闻健　海南省琼菜研究中心理事长

副主任（按姓氏笔画排序）

孙孝贵　海南省农业学校党委书记
杨铭铎　海南省烹饪协会首席专家
陈春福　海南省旅游学校校长
袁育忠　海南省商业学校党委书记
曹仲平　海南省烹饪协会执行会长
符史钦　海南省烹饪协会名誉会长、海南龙泉集团有限公司董事长
符家豪　海南省农林科技学校党委书记

委　员（按姓氏笔画排序）

丁来科　海南大院酒店管理有限公司总经理

王　冠	海南昌隆餐饮酒店管理有限公司董事长
王位财	海口龙华石山乳羊第一家总经理
王树群	海口美兰琼菜记忆饭店董事长
韦　琳	海南省烹饪协会副会长
云　奋	海南琼菜老味餐饮有限公司总经理
卢章俊	海南龙泉集团龙泉酒店白龙店总经理
叶河清	三亚益龙餐饮文化管理有限公司董事长
邢　涛	海南省烹饪协会副会长
汤光伟	海南省教育研究培训院职教部教研员
李学深	海南省烹饪协会常务副会长
李海生	海南琼州往事里贸易有限公司总经理
何子桂	元老级注册中国烹饪大师、何师门师父
张光平	海南省烹饪协会副会长
陈中琳	资深级注册中国烹饪大师、陈师门师父
陈诗汉	海南琼菜王酒店管理有限公司总监
林　健	海南龙泉集团有限公司监事长
郑　璋	海口旅游职业学校餐饮管理系主任
郑海涛	海南省培训教育研究院职教部主任
赵玉明	海口椰语堂饮食文化有限公司董事长
唐亚六	海南省烹饪协会副会长
龚季弘	海南拾味馆餐饮连锁管理有限公司总经理
符志仁	海口富椰香饼屋食品有限公司总经理
彭华洪	海南良昌饮食连锁管理有限公司董事长

总序 FOREWORD

党的二十大报告指出，"统筹职业教育、高等教育、继续教育协同创新，推进职普融通、产教融合、科教融汇，优化职业教育类型定位"。2019年，国务院印发的《国家职业教育改革实施方案》中指出，职业教育与普通教育具有同等重要地位。教师、教材、教法（"三教"）贯彻人才培养全过程，与职业教育"谁来教、教什么、如何教"直接相关。2021年，中共中央办公厅、国务院办公厅印发的《关于推动现代职业教育高质量发展的意见》中明确提出了"引导地方、行业和学校按规定建设地方特色教材、行业适用教材、校本专业教材"。

海南菜（琼菜），起源于元末明初，至今已有六百多年的历史，是特色鲜明、风味百变且极具地域特色的菜系。传承海南菜技艺，弘扬海南饮食文化，对于推动海南餐饮产业创新，满足海南人民对美好生活的向往，乃至推动全省经济和社会发展都具有非常重要的作用。

海南菜的发展离不开餐饮专业人才，而餐饮职业教育承载着培养餐饮专业人才的重任。海南省餐饮中等职业教育现有在校学生2万余人，居海南省中等职业学校各专业学生人数之首，餐饮高等职业教育在校学生约2000人，也具备了一定的规模。然而，目前中、高等职业学校烹饪专业选用的教材多为国家规划教材，一方面，这些教材内容缺乏海南菜的地方特色，从而导致学生服务海南自由贸易港建设的能力不足；另一方面，这些中、高等职业教育教材在知识点、技能点上缺乏区分度，不利于学生就业时分层次适应工作岗位。

因此，为贯彻、落实上述文件精神，振兴海南菜，提升餐饮专业人才的培养质量，海南省教育厅正式准予立项"海南省中高职（衔接）海南菜地方特色专业课程标准与教材开发"项目。遵照海南省教育厅职业教育与成人教育处领导在中国海南菜教材编写启动仪式上的指示，在多方论证的基础上，本系列教材的编写工作正式启动。本系列教材由海南省餐饮职业教育领域中对本专业有较深研究，熟悉行业发展与企业用人要求，有丰富的教学、科研或工作经验的领导、老师和行业专家、烹饪大师合力编著。

本系列教材有以下特色。

1. 权威指导，多元开发　本系列教材在全国餐饮职业教育教学指导委员会专家的指导和支持下，由省级以上示范性（骨干、高水平）或重点职业院校、在国家级技能大赛中成绩突出、承担国家重点建设项目或在省级以上精品课程建设中经验丰富的教学团队和能工巧匠引领，在行业企业、教学科研机构共同参与下，紧密联系教学标准、职业标准及对职业技能的要求，体现出了教材的先进性。

2. 紧跟教改，思政融合　"三教"改革中教材是基础，本系列教材在内容上打破学科体系、知识本位的束缚，以工作过程为导向，以真实生产项目、典型工作任务、案例等为载体组织教学单元，注重吸收行业新技术、新工艺、新规范，突出应用性与实践性，同时加强思政元素的挖掘，有机融入思政教育内容，对学生进行价值引导与精神滋养，充分体现党和国家意志，坚定文化自信。本系列教材以习近平新时代中国特色社会主义思想为指导，既传承了海南菜的特色经典，保持课程内容相对稳定，同时与时俱进，体现新知识、新思想、新观念，还增强了育人功能，是培根铸魂、启智增慧、适应海南自由贸易港建设要求的精品教材。

3. 理念创新，纸数一体　建立"互联网+"思维的编写理念，构建灵活、多元的新形态一体化教材。依托相关数字化教学资源平台，融合纸质教材和数字资源，以扫描二维码的形式帮助老师及学生共享优质配套教学资源。老师可以在平台上设置习题、测试，上传电子课件、习题解答、教学视频等，做到"扫码看课，码上开课"，学生扫码即可获得相关技能的详细视频解析，可以更有效地激发学生学习的热情和兴趣。

4. 形式创新，丰富多样　根据餐饮职业院校学生特点，创新教材形态，针对部分行业体系课程，汇集行业企业大师、一线骨干教师，依据典型的职业工作任务，设计开发科学严谨、深入浅出、图文表并茂、生动活泼且多维、立体的新型活页式、工作手册式融媒体教材，以满足日新月异的教与学的需求。

5. 校企共编，产教融合　本系列的每本教材实行主编负责制，由各院校优秀教师或经验丰富的领导和行业烹饪大师共同担任主编，教师主要负责文字编写，烹饪大师负责菜点指导或制作。教材以职业教育人才成长的规律为出发点，体现人才培养改革方向，将知识、能力和正确的价值观与人才培养有机结合，适应专业建设、课程建设、教学模式与方法改革创新方面的需要，满足不同学习方式要求，有效激发学生学习的兴趣和创新的潜能。

杨柳

中国烹饪协会会长

前言 PREFACE

海南,这座风光旖旎、魅力无限的热带岛屿,不仅拥有令人心醉神迷的自然景观,更孕育着底蕴深厚、绚丽多彩的饮食文化。正值海南自由贸易港(简称海南自贸港)建设如日方升、蓬勃发展,"三区一中心"战略地位逐步清晰明朗之时,海南的餐饮业作为重要的基础产业,正实现着令人瞩目的质的飞跃与提升,展现出一派繁荣兴旺的景象。与此同时,每一位餐饮从业人员都肩负着将海南餐饮业做强做大的重要使命与责任,而海南小吃文化与技艺的推广也成了其中至关重要的一环。

海南小吃有着悠久的传承历史,它们是海南文化的鲜活写照,也是海南人民智慧的集中体现。在海南自贸港建设的大背景下,海南特色小吃不仅吸引着众多游客纷至沓来,品味其独特魅力,提升了海南旅游业的吸引力和竞争力,还推动了相关产业的蓬勃发展,为海南自贸港的繁荣昌盛注入了源源不断的新动力。

作为培养专业烹饪人才的重要载体,本教材旨在传承和发扬海南特色小吃烹饪技艺。编者以传承性、系统性、科学性、适应性、创新性、思想性、规范性和实用性为主要原则,在进行充分的调研后,结合实际工作经验,并考虑到职业院校培养烹饪专业人才需要结合产业经济结构、市场需求、乡村建设与文化推广等的需要,将本教材定位为适用于职业院校、本土企业、本地乡镇的教材。本书内容包括主食系列,糯米粑系列,杂粮糕点系列,大众茶点系列,咸、甜汤食系列以及特色米粉系列等。本教材力求做到接地气,贴近实际烹饪工作,让学生能够在实践中掌握真本领。同时,我们将思政内容有机融入教材中,引导学生树立正确的价值观和职业观,培养他们成为有理想、有担当、有技能的新时代烹饪人才,为海南餐饮业的发展贡献力量,助力海南自贸港建设蓬勃发展。

在新时代背景下,如何更好地传承和弘扬海南小吃技艺,培养具备新时代素养的从业人员,是我们烹饪专业职业教育工作者面临的重要课题。我们不仅要传授扎实的专业知识、精湛的职业技能,更要注重培养学生的综合素质(包括良好的职业道德、家国情怀和社会责任感)。本教材由对海南小吃满怀热忱且具备深厚专业知识的编写团队精心编撰而成。编写团队人员虽然来自不同领域,却都对海南饮食文化进行了深入透彻的研究,怀有浓厚的兴趣与热爱。团队成员付出大量时间与精力,深入海南各地,探寻最地道、正宗的海南小吃,与当地的厨师和居民广泛交流,悉心收集、整理了丰富、详尽的资料与故事。编者们秉持严谨的态度,将这些珍贵的信息精心呈现给读者,使读者得以更深入、细致地领略海南小吃的迷人魅力。本教材可作为职业教育教学的基础教学参考书,便于学生自主学习,同时为学生提供系统且专业的海南小吃的理论知识与制作方法,结合面点技术发展的实际,提高烹饪专业职业教育教学水平和人才培养质量。

本教材编写得到了杨铭铎教授的大力支持和科学指导,以及华中科技大学出版社汪飒婷等编辑从开始策划到教材落地的精心安排、跟踪指导、热情服务。另外,各参编学校领导、老师以及合作企业、乡镇也给予了鼎力支持,在此一并表示衷心感谢。

由于编者水平有限,书中不妥和错误之处在所难免,恳请广大教师、行业从业者和学习者提出宝贵的指导意见。本教材可用于餐饮类、旅游类、休闲农业类等相关专业的教学,也可作为餐饮文化爱好者的自学书籍。我们诚挚地希望这本教材能让更多的人深入了解并由衷喜爱海南小吃,真切感受其背后所蕴含的深厚历史底蕴与丰富文化价值,同时亦能更好地助力海南自贸港建设,推动海南旅游业蒸蒸日上,成为一个充满魅力、多元融合的国际旅游胜地。

编　者

目录 CONTENTS

- 1　　概　述

- 3　　项目一　主食系列
  - 5　　　任务一　椰子船
  - 12　　任务二　农家笠饭
  - 16　　任务三　三色饭
  - 20　　任务四　竹筒饭
  - 24　　任务五　定安菜包饭
  - 30　　任务六　八宝饭
  - 36　　任务七　定安粽子

- 41　　项目二　糯米粑系列
  - 43　　任务一　红糖年糕
  - 48　　任务二　文昌按粑
  - 52　　任务三　海南薏粑
  - 57　　任务四　万宁猪肠粑
  - 61　　任务五　会文三角留

- 65　　项目三　杂粮糕点系列
  - 67　　任务一　黑芝麻馍
  - 72　　任务二　锅边馍
  - 76　　任务三　椰汁斑斓千层糕
  - 81　　任务四　椰汁咖啡千层糕
  - 86　　任务五　椰香木薯糕
  - 90　　任务六　香煎萝卜糕

- 95　　项目四　大众茶点系列
  - 97　　任务一　文昌糖贡（米花糖）
  - 101　任务二　煎堆（珍袋）
  - 105　任务三　香脆酥饺

项目五　咸、甜汤食系列　　　　　　　　　　　　　109

    任务一　海南清补凉　　　　　　　　　　111
    任务二　甜薯奶　　　　　　　　　　　　115
    任务三　鸡屎藤粑仔　　　　　　　　　　119
    任务四　东阁粿仔　　　　　　　　　　　124
    任务五　海口猪杂汤　　　　　　　　　　128

项目六　特色米粉系列　　　　　　　　　　　　　133

    任务一　海南粉　　　　　　　　　　　　135
    任务二　抱罗粉　　　　　　　　　　　　140
    任务三　陵水酸粉　　　　　　　　　　　144
    任务四　儋州米烂　　　　　　　　　　　148
    任务五　后安粉　　　　　　　　　　　　152
    任务六　海南伊面汤　　　　　　　　　　156

附录　常用工具　　　　　　　　　　　　　　　　160

概　述

【课前思考】
（1）海南小吃的概念是什么？
（2）海南小吃的起源如何？
（3）传统海南小吃分为哪几类？
（4）小吃在海南饮食中有哪些方面的作用？
（5）海南小吃制作程序一般包含哪些内容？
（6）海南小吃制作基本职业要求有哪些？

扫码看课件

一、海南小吃的起源与发展

海南美食历史悠久，从西汉元年至今，历经 2200 多年，依托热带地理环境和富饶的物产，融合了早期中原饮食文化、闽粤烹饪技艺、南洋风味、黎苗风俗，形成特色鲜明的海南传统小吃。特别是海南建省以来，随着旅游业的发展与国际旅游岛的建设，海南传统小吃快速走向市场，为越来越多的人所认可。海南风味小吃的文化历史发展，到现在已渐渐趋向于成熟，越来越多的人都开始了解海南本土的特色小吃。它不仅仅是休闲或填饱肚子的东西，而且已经是海南特有历史和文化的代表。

二、海南小吃的分类

海南小吃目前尚无统一的分类标准，按温度可分为热点、冷点；按口味可分为甜点和咸点；按干湿特性可分为干点、软点和湿点；按用途可分为主食、餐后甜点、茶点和节日喜庆糕点等；按传统可分为饭系列、小吃系列、粥粉系列，每一类又可以进一步细分出很多种类。

（一）主食类

在海南岛上，汉、黎、苗等多个民族杂居在一起，各个民族之间的饮食文化相互融合，在不同礼俗节日里人们会制作不同的礼俗食品，其中大部分以各式饭类为主，如黎族的红米饭、乐东黎家的三色饭、五指山山兰香饭、万宁琼海一带的芋头饭、琼中黄色饭、文昌鸡饭、椰子船、竹筒饭、农家苦饭、定安菜包饭等。

（二）糯米粑类

海南粑食生产历史悠久，与海南的传统文化、民风民俗紧密相连，是海南人民逢年过节、祭神拜祖的必备品，也是海南人民与故乡之间的情感纽带。海南糯米粑类小吃种类繁多，如海南薏粑、万宁猪肠粑、会文三角留等，各具特色。

（三）杂粮糕点类

海南的杂粮糕点着实别具一番风味，其口感丰富多样，令人赞不绝口，并且种类也是五花八门，极为繁多。每一款杂粮糕点都散发着独属于它自身的独特魅力，背后所蕴含的制作工艺更是各有千秋，如各类儋州馍、斑斓糕、木薯糕等，颇具特色。

（四）大众茶点类

海南的大众茶点，种类丰富多彩，其中囊括了诸多将传统韵味与现代创意巧妙融合的美食。这些茶点既有着源自传统的深厚底蕴，又兼具现代元素带来的别样风情，着实令人垂涎欲滴。

（五）咸、甜汤食类

海南的炎炎夏日可以品尝到各种咸、甜汤食系列的杂粮小吃，比如红糖水清补凉、椰奶清补凉、咸甜薯奶、猪杂汤等，它们也是海南人夏日里不可或缺的甜品。

（六）特色米粉类

海南粉是用大米、番薯粉为原料制成的米粉。北方人称之为凉拌粉，海南本地人称之为汤粉、腌粉，汤粉的粉一般较粗，腌粉的粉一般较细。海南特色米粉类小吃是海南地区传统饮食文化的重要组成部分。它们不仅满足了海南人民的味蕾需求，也承载着当地人对美好生活的追求和对品质生活的向往。在海南的传统节日和庆典活动中，米粉类小吃也是不可或缺的美食之一。

三、海南小吃的特点

海南小吃以其用料鲜活、制作简单、品种多样等特点，在海南人日常饮食中起着举足轻重的作用。无论是一日三餐还是各种类型的风俗活动、喜庆节日，小吃制品都是不可缺少的。

（一）用料特点

海南小吃多以糯米、粘米、杂粮、椰子、热带水果、鲜活海产、油脂、面粉、糖类等为主要原料，其中糯米、粘米、杂粮、椰子的比例较大，配料中热带水果、油脂、糖类等用量大。

（二）工艺特点

海南小吃多以手工制作为主，器具为辅，加工制作方式属于初加工、浅加工、淡加工，通过一两次加工制作就成型成品，保证小吃制品的原本质和原美味不受破坏。小吃的成熟以蒸煮为主要方式，讲究风味、营养，给人以健康美味的享受。

（三）风味特点

海南人非常注重以食物调养身心，所以海南小吃的传统制作风味以"清"为特色。海南盛产大米、糯米以及各式薯类植物，这些食物被广泛运用于小吃制作中，因此小吃制品带有浓郁的乡土风味。椰子与热带水果在制品中的大量应用是海南小吃的另一重要特色。

项目一
主食系列

扫码看课件

【项目目标】

1. 知识目标

（1）能从感官上辨别出糯米、籼米与粳米，了解其相应的用途。

（2）能正确讲述各类小吃相关的饮食文化。

（3）能介绍小吃的成品特征及应用范围。

2. 技能目标

（1）掌握糯米、籼米、粳米的选料方法、选料要求。

（2）能对各小吃的原料进行正确搭配。

（3）能采用正确的操作方法，按照制作流程独立完成小吃的制作任务。

（4）能运用合适的烹制方式制作相关小吃。

3. 思政目标

（1）帮助学生培养良好的安全意识、卫生意识，树立爱岗敬业的职业意识，从而打造优秀的行业人才，服务于海南自贸港建设。

（2）在制作和创新的过程中感受烹饪艺术的趣味，培养创新意识和工匠精神。

（3）培养学生在小吃制作中相互配合、团结协作的精神，体验真实的工作过程。

任务一

椰子船

明确实训任务

制作椰子船。

实训任务导入

海南椰子船,又称"珍珠椰子船",是海南琼海、文昌一带民间传统小吃。其用鲜椰子装糯米、辅料后蒸熟而成,具有浓厚的椰乡气息。特点:椰肉和糯米饭紧密结合,色泽白净、晶莹、半透明,状如珍珠(故有"珍珠椰子船"别名)。硬软相间,脆糯结合,慢品细嚼时椰香浓郁、清甜爽口。

实训任务目标

(1)了解海南椰子船的由来、寓意及其在节日、饮食文化中的应用。
(2)熟悉椰子船制作的相关设备、工具及使用方法。
(3)掌握椰子船制作步骤、安全生产规则及培养卫生意识。
(4)独立完成海南椰子船成品制作及盘饰工艺流程。

知识技能准备

一、糯米选购

1. 品种 糯米有两个品种:一种是形状为椭圆形的圆糯米,挑选的时候注意米粒是否大而饱满;另一种是形状细长的长糯米,挑选的时候注意米粒是否发黑。

2. 外观 粒大饱满、颗粒均匀、颜色白皙而无任何杂质者较佳。如果碎米粒很多,且颜色发暗,混有杂质,则表明糯米存放时间过长,不宜选购。

3. 质地 白色不透明,颗粒状,硬度较小。如果糯米中有半透明的米粒,则是掺了大米,硬度较大,不宜选购。

4. 闻香 选购糯米时可以抓一把在手里,闻味道。质量过关的糯米有淡淡的米香味,如果有刺鼻的味道,则说明糯米有问题。

5. 优质糯米熟米饭 煮熟的糯米饭,胶结成团,膨胀不多,但是很有黏性,口感甜软糯,颜色透亮。

二、椰子

椰子一般有两种,一种个大、色绿、有椰棕,这种椰子是最原始的,新鲜采摘,新鲜出售。另一种是剥掉椰棕裸露白壳的椰子,没有了椰棕保鲜,时间一长,椰汁和椰肉质量易受到影响。因此,如果条件允许,优先选有椰棕的椰子。挑椰子时,将其放耳边晃一晃,如果椰汁响声很大,说明椰子已经老了或者存放时间较长。新鲜椰汁呈乳白色,口感甘甜,变质椰汁往往有凝固物出现,口感发酸。

制订实训任务工作方案

根据实训任务内容和要求,讨论并填写实训任务计划书。

实训任务			实训班级		指导教师	
实训地点			小吃实训室			
实训岗位			水台、砧板、打荷、上什、炉头			
实训组织	分组	负责人	人 数	主要任务		
	第一组					
	第二组					
	第三组					
	第四组					
实训步骤及工作内容	实训步骤		工 作 内 容			学时分配
	第一步		布置任务:分析任务,填写任务分析单,学习相关知识和技能			
	第二步		制订计划:填写实训任务计划书,各组明确工作任务和要求			
	第三步		工作准备:在做好个人卫生的基础上,负责厨房工作的各组进行设备、工具、原料准备,确保安全、卫生			
	第四步		任务实施:各岗位按照工作页有序开展任务,各组间加强沟通,完成椰子船的制作与服务工作			
	第五步		实训评价:实训过程评价(随工作任务检测单及时评价)占40%,成果评价占60%,并统计评价结果			
	第六步		总结反思:个人总结实训中的得失,并对继续完成其他实训任务给出自己的提升目标			
批准实施	总厨建议:经审核,实训计划可行,同意按本计划实施。 签字:					

进入厨房工作准备

一、填写厨房准备工作页及自查表

实训任务	制作椰子船		检查及评价	
工作过程	切配设备用具(实训人填写)		规范	欠规范
	检查设备:			
	备齐用具:			
	其他设备用具(实训人填写)		规范	欠规范
	检查炉灶设备:			
	检查炉灶用具:			
	用水是否安全通畅:			
	调料用具:			
	安全卫生(实训人填写)		规范	欠规范
	重视安全与卫生:			
	规范垃圾分类与处理:			
反思	所有规范要求是否做到?如有遗漏,请分析原因:			

时间: 　　　　　检查人:

二、填写小吃原料准备工作页

实训任务	制作椰子船		检查及评价	
			齐全、规范	欠规范
小吃原料准备(实训人填写)	主料			
	辅料			
反思				

 制作椰子船

一、小吃制作

填写小吃制作工作页。

实训产品	椰子船	实训地点	小吃实训室
操作步骤	*		

❶ 工具　不锈钢盆、电子秤、片刀、蒸炉等。

❷ 原料

（1）主料：糯米 200 g、老椰子 1 只。

（2）辅料：白糖 80 g、椰子水 200 ml、椰浆 50 ml。

❸ 工艺流程

（1）将糯米淘净，用水浸泡 6 小时后滤去水分晾干待用。

（2）老椰子表面刮干净，在顶端切开小口，留盖，倒出椰子水，留下椰盅待用。

（3）将泡发糯米填入椰盅内，同时将白糖、椰子水及椰浆混合均匀后倒入椰盅内，椰盖封口后用牙签固定好。

续表

操作步骤	 （4）将椰盅放入蒸炉中(勿使椰盅内水分渗出)加盖，旺火煮沸腾，然后用慢火蒸约6小时，待糯米熟透胀满后取出。  （5）待蒸熟的糯米和椰盅自然冷却后，用片刀将椰子外壳敲开，取出完整的椰子船，用片刀切开，分解成8块两头尖、中间宽的船形块件，摆盘即成 
小吃成品	
成品特点	口感软糯，椰香浓郁，米粒晶莹剔透
操作重点难点	（1）装填米料适当。 （2）椰子去壳方法正确

二、收档及整理

填写收档工作页及自查表。

任务名称	各岗位工作任务要素	工作评价	
收档工作记录	水台收档	规范	欠规范
	切配收档	规范	欠规范
	打荷收档	规范	欠规范
	上什收档	规范	欠规范
	炉头收档	规范	欠规范
反思			

组织实训评价

一、工作过程评价

班级		姓名		学号		
实训任务	制作椰子船		工作评价			
工作过程	准备阶段（20分）	处理完好	处理不当	配分	得分	
	工作服穿戴整齐，个人卫生规范			5		
	检查并处理好安全及卫生状况			5		
	领料，核验原料数量和质量，填写单据			5		
	准备好设备及用具			5		
	小吃制作阶段（70分）					
	操作过程卫生规范			10		
	刀法运用恰当、熟练、准确			10		
	水量、水温控制恰当			10		
	烹调过程中椰盅不损坏、不爆裂			10		
	蒸至糯米熟透			10		
	口味甜糯适中，香鲜适口			10		
	摆盘美观大方			10		
	整理阶段（10分）					
	能够对剩余原料进行妥善处理和保管			4		
	能够进行垃圾分类处理			2		
	清理工作区域，清洁工具			2		
	关闭水、电、气、门、窗			2		
总分						

二、任务成果综合评价

评价要素	评价标准	配分	得分
过程得分	见上方"工作过程评价"表	40	
仪容仪表	工服干净,穿黑色皮鞋,仪容大方,勤剪指甲,发型整齐,不戴手镯、手链、戒指、耳环等,项链不外露	5	
沟通能力	有礼貌,精神饱满,面带笑容,热情适度,自然大方,语言准确,声音柔和,不大声说话,沟通效果良好	5	
解决问题能力	能按规范处理工作中的各种突发状况	5	
卫生、安全	整洁干爽,无安全事故	5	
色泽	色泽均匀、一致,符合成品要求	10	
香味	具有椰子和糯米特有的清香,味润绵长	5	
口味	甜糯适中,香鲜适口	10	
形态	造型美观、完整,规格一致	10	
质感	米香软糯,椰肉有弹性	5	
综合分			

练习与思考

扫码看答案

一、练习

（一）选择题

椰子船的主要原料是（　　）。

A. 糯米　　　　B. 米粉　　　　C. 面粉　　　　D. 高粱

（二）判断题

1. 制作椰子船时选用的椰子越嫩越好。（　　）
2. 制作椰子船的糯米无须浸泡,因为浪费时间。（　　）

二、思考

椰子船的制作过程中应注意哪些关键点?

任务二

农家笠饭

明确实训任务

制作农家笠饭。

实训任务导入

农家笠饭得名于其在制作过程中采用的一种特殊外壳，这种外壳是由鲜椰叶或野菠萝叶精心编织而成，其形态酷似帽子，故而人们称之为"笠饭"。笠饭是文昌、琼海等椰乡一种民间带有吉祥含义的食品。每逢盖新房升梁（起屋）、新居进住、作灶或做"公期"等喜事，尤其是每逢闰年，亲戚们都会做一些"笠"和煮一些蛋来，给亲人"脱壳"消灾，带来吉祥。因其外围有椰叶壳，食时得将椰叶慢慢解开，民间有"解结解忧"之说。

海南人吃"笠"饭，不仅仅在闰年闰月吃，女儿回家时要"笠"，望父母福如东海，寿比南山；病愈出院或者出监狱要"笠"，以求当事者不再"犯事"；作灶要"笠"，寓意家门兴旺，香火常在；入宅要"笠"，表示入宅大吉；出远门要"笠"，填饱肚子，还祈求平安；平常日子送"笠"则表达深情厚意和真挚祝福。

农民出远门或上山时，主妇便早起将"笠"制好随身携带，既可当干粮，又有解忧的寓意。除此外，亲人从海外归来时亲友也要做一担或一箩筐"笠"当作贺礼。乡村民风纯朴，主人收到此贺礼后，便挨家挨户送，以表同喜同贺。

实训任务目标

（1）了解农家笠饭的由来、寓意特点及其在节日、饮食文化中的应用。
（2）熟悉农家笠饭制作的相关设备、工具及使用方法。
（3）掌握农家笠饭制作步骤、安全生产规则及卫生意识。
（4）独立完成农家笠饭成品制作及盘饰工艺流程。

知识技能准备

一、籼米

籼米根据稻谷收获季节，可分为早籼米和晚籼米。籼米是我国出产最多的一种稻米，以广东、湖南、四川等省为主要产区。籼米粒形细长而稍扁平，长者在7毫米以上，蒸煮后的饭较松散，黏性较小，出饭率高，适合做干饭。明代李时珍在《本草纲目》中提到，籼米温中益气、养胃和脾、除湿止泄,即籼米可补中益气、养脾胃,对体倦乏力、食少腹胀、脾胃虚弱、湿热腹泻等症状有食疗作用。丝苗米、油粘米、泰国香米都是属于籼米。

二、籼米选购

(1)可以放在鼻尖处闻一下。好的籼米味道清香自然,如果有异味,不要购买。

(2)看整体。要挑选颗粒整齐、均匀、表面光滑、组织紧密完整、硬度强的籼米。

(3)抓一把籼米,用手搓一搓。如果揉搓后手上残留很多白色粉屑,说明籼米不新鲜。

(4)籼米的腹白(一个不透明的白斑)通常很少。如果是没有成熟透的水稻或者是未经成熟的稻谷,腹白一般都比较大。

(5)观察籼米是否有裂开的情况。如果米粒上出现一条或多条横裂纹,说明籼米质量不佳。

(6)注意是否有发黄的米粒。好的籼米呈乳白色,均匀,有光泽;籼米粒如果变黄,说明籼米中某些营养成分在减少,也可能是籼米粒中有微生物繁殖,影响籼米的香味和口感。

制作农家笠饭

一、小吃制作

填写小吃制作工作页。

实训产品	农家笠饭	实训地点	小吃实训室
操作步骤	❶ 工具　电子秤、码斗、不锈钢盆、过滤网、片刀、锅、玻璃碗、不锈钢勺子等。 ❷ 原料 (1)主料:籼米 500 g。 (2)辅料:盐 5 g、蒜香油 30 g、露兜叶 3 条。  ❸ 工艺流程 (1)将籼米淘洗干净,用水浸泡两小时左右,再滤去水分并晾干。  (2)用片刀去掉露兜叶两边及腹部的刺,再一分为二成两条叶子,将露兜叶清洗干净后抹干水分。		

农家笠饭

续表

操作步骤	

（3）在晾干的米里加入盐，加蒜香油，拌匀。

（4）将露兜叶编成笠壳后把拌好的米装进入笠壳内（米只装一半），封口即可。

（5）锅内加入水，把做好的生笠饭坯放入锅内，煮40分钟左右至成熟即可出锅

  |

续表

小吃成品	
成品特点	形态酷似枕头，不破损，咸鲜适口，香气浓郁
操作重点难点	（1）装米量要得当。 （2）编笠的方法要正确

二、收档及整理

填写收档工作页及自查表。

任务名称	各岗位工作任务要素	工作评价			
收档工作记录	水台收档	规范		欠规范	
	切配收档	规范		欠规范	
	打荷收档	规范		欠规范	
	上什收档	规范		欠规范	
	炉头收档	规范		欠规范	
反思					

练习与思考

一、练习

（一）选择题

农家笠饭的主料是（　　）。

A. 籼米　　　　B. 粳米　　　　C. 西米　　　　D. 玉米

（二）判断题

1. 农家笠饭的笠兜只能用椰子叶来编。（　　）
2. 笠兜添装米料时要装满，以免煮熟后不饱满。（　　）

二、思考

农家笠饭的制作过程中应注意哪些关键点？

任务三

三色饭

 明确实训任务

制作三色饭。

 实训任务导入

"三月三"是海南省黎族、苗族人民的传统节日,同时也是黎族、苗族青年欢聚的美好日子,又称爱情节或谈爱日。每年农历三月初三,黎族、苗族人民缅怀其勤劳勇敢的祖先,并寄托对爱情与幸福生活的向往之情。每到这个时候,苗族人民会制作一种名为三色饭的民族特色美食。

长久以来,苗族人民一直把"三色饭"作为祭祀祖先和接待贵宾的传统食物。如今,"三色饭"已成为琼中著名的民族风味美食并被人们津津乐道。在琼中的苗族人家或农家饭店,我们都会看到主人热情地端上一份"三色饭",以此表达对远方客人的欢迎和友好之情。

"三色饭"是最具民族特色的传统食品,有红、黄、黑三色,分别取色于新鲜植物红兰草、姜黄和乌饭叶汁液,色彩鲜艳,清香可口,有药味,甘香,饭团甜滑,是开胃去火的清凉食品。

实训任务目标

(1)了解三色饭的由来、寓意及其在节日、饮食文化中的应用。
(2)熟悉三色饭制作的相关设备、工具及使用方法。
(3)掌握三色饭制作步骤、安全生产规则及卫生意识。
(4)独立完成三色饭成品制作及盘饰工艺流程。

知识技能准备

一、山兰米

山兰米是海南特有的品种,有很高的营养价值和药用价值,千年来由黎族人民代代相传。它具有补血、养胃的功效。黎族民间视山兰米为妇女产后和胃溃疡等患者不可缺少的调补佳品以及幼儿健康成长的营养佳品。

二、桑叶

桑叶是桑科植物桑的干燥叶。初霜后采收,除去杂质,晒干而得,是一种发散风热药,既可内服,也可外敷。其性寒,味甘、苦,有疏散风热、清肺润燥、清肝明目的功效,可治疗风热感冒、肺热燥咳、头晕头痛、目赤昏花。

三、姜黄

姜黄是姜科姜黄属植物,根茎发达、成丛,分枝多,呈椭圆形或圆柱形;叶为长圆形或椭圆形;花葶由顶部叶鞘内抽出;穗状花序呈圆柱形;苞片呈卵形或长圆形,颜色为淡绿色;花冠呈淡黄色,姜黄花期为8月。"姜黄"作为药用之名,始载于《新修本草》,指该属多种植物,至清确定为本种,此后演化为"姜黄"主流品种。

  制作三色饭

一、小吃制作

填写小吃制作工作页。

实训产品	三色饭	实训地点	小吃实训室
操作步骤	❶ **工具**　不锈钢盆、码斗、电子秤、片刀、竹蒸笼、多功能料理机、锅、过滤网、筷子等。 ❷ **原料**　山兰米450 g、乌饭叶(或桑叶)50 g、红兰草50 g、姜黄100 g、清水600 mL。  ❸ **工艺流程** (1)将山兰米平均分成3份(每份150 g),清洗干净。  (2)将姜黄拍烂,将锅烧热后加入清水200 mL,加入姜黄,煮沸腾浸出黄色后用过滤网将姜黄滤出,放凉至50 ℃,将姜黄水倒入150 g山兰米中,浸泡8小时。		

三色饭

续表

操作步骤	

（3）洗净乌饭叶后加 200 mL 清水，用多功能料理机打碎后过滤出汁，将汁液放入锅中加热至 50～60 ℃，然后加入 150 g 山兰米中，浸泡 8 小时。

（4）搓碎红兰草后加 200 mL 清水煮沸腾，待温度降至 50 ℃后倒入 150 g 糯米中，浸泡 8 小时。

（5）将三种浸泡好的山兰米过滤，然后将三种颜色的山兰米分别上笼铺平，用筷子在米面扎几个孔，隔水蒸（米中不再加水）约 1.5 小时至熟取出即可

小吃成品	

续表

成品特点	颜色鲜艳自然，口感协调，层次感丰富
操作重点难点	（1）蒸制时间要足，山兰米要熟透。 （2）山兰米的着色要牢固

组织实训评价

二、收档及整理

填写收档工作页及自查表。

任务名称	各岗位工作任务要素	工作评价			
收档工作记录	水台收档	规范		欠规范	
	切配收档	规范		欠规范	
	打荷收档	规范		欠规范	
	上什收档	规范		欠规范	
	炉头收档	规范		欠规范	
反思					

 练习与思考

扫码看答案

一、练习

（一）选择题

三色饭选用（　　）制作。

A. 籼米　　　B. 粳米　　　C. 糯米　　　D. 山兰米

（二）判断题

1. 桑叶煮制后汤汁会变成黑色。（　　）
2. 着色时间越长，上色越深、越牢固。（　　）

二、思考

五色饭和三色饭的区别是什么？

任务四

竹筒饭

明确实训任务

制作竹筒饭。

实训任务导入

竹筒饭又称竹筒香饭,是黎族同胞上山打猎或开垦荒山时野炊的食品,除了素烤白饭外,有时加肉,拌上酱油和精盐,烤出的饭更香更美味。现烤竹筒饭已成为一种具有特殊风味的旅游野餐食品,吸引了不少中外游客,是海南黎族传统美食。

民族文化生态食品竹筒饭正日益受到市场的欢迎。利用香糯竹烧制竹筒饭的传统来自这些少数民族的先民。为了简便,他们上山打猎时不带锅灶炊具,只带米。热带亚热带地区的深山密林里到处都是野生香竹。做饭时就地取材,砍下竹筒,将泡好的米装入其内,并加入适量的水,用鲜叶子将筒口塞紧,放在火上烧烤,当竹筒表层烧焦后,筒内米饭即熟。食用时用刀或手将竹皮剥开,就能看到被竹膜紧紧包裹的米饭。这些米饭粒粒香软可口,清香扑鼻,堪称一绝。

实训任务目标

(1)了解竹筒饭的由来、寓意及其在节日、饮食文化中的应用。
(2)熟悉竹筒饭制作的相关设备、工具及使用方法。
(3)掌握竹筒饭制作步骤、安全生产规则及卫生意识。
(4)独立完成竹筒饭成品制作及盘饰工艺流程。

知识技能准备

竹筒饭有四种:野味饭、肉香饭、黑豆饭、黄肉饭。其中黄肉饭最鲜美,其特点是米香、豆香、肉香,满口清香,充满海南黎家风味。黎族民众,多于山区野外制作或在家里用木炭烤制竹筒饭。烹调师在传统基础上进行改进,使之摆上宴席餐桌,声誉甚高,成为海南著名风味美食。

 制作竹筒饭

一、小吃制作

填写小吃制作工作页。

实训产品	竹筒饭	实训地点	小吃实训室
操作步骤	<div>❶ **工具** 电子秤、码斗、片刀、砧板、不锈钢盆、不锈钢勺子、锡纸、锅、玻璃碗、蒸炉等。 ❷ **原料** （1）主料：山兰米 600 g、清水 600 mL、五花肉 100 g、腊肠 100 g。 （2）辅料：生抽 10 g、老抽 5 g、盐 5 g、味精 8 g、五香粉 5 g、猪油 20 g、竹筒 3 节、捞叶 100 g。  ❸ **工艺流程** （1）洗净山兰米后加水浸泡约 2 小时，捞出沥干水分备用。  （2）将竹筒清洗干净，置汤锅中加水煮沸腾后放入竹筒烫煮 1 分钟，捞出过凉水后晾干备用。  （3）将五花肉切成 0.3 cm×0.3 cm 的肉粒，用生抽、老抽、盐、味精、五香粉腌制。将腊肠切成小丁。</div>		

竹筒饭

续表

操作步骤	

（4）将腌制好的五花肉及腊肠、猪油加入山兰米中拌匀，分成三等份，加进3节竹筒里，再加入约 200 mL 清水。

（5）将捞叶分成三份，将每一份卷在一起后封堵竹筒口，在竹筒口外围封上两层锡纸。放进蒸炉中用大火蒸1小时左右至成熟即可取出。

（6）取出成熟的竹筒饭，解除封口，破开成两半，摆放盘中，即可食用

 |
| 小吃成品 |  |

续表

成品特点	咸鲜适口，竹味浓郁，口感软糯而不油腻
操作重点难点	（1）蒸制时间足够。 （2）装填原料的量适宜

组织实训评价

二、收档及整理

填写收档工作页及自查表。

任务名称	各岗位工作任务要素	工 作 评 价			
收档工作记录	水台收档	规范		欠规范	
	切配收档	规范		欠规范	
	打荷收档	规范		欠规范	
	上什收档	规范		欠规范	
	炉头收档	规范		欠规范	
反思					

练习与思考

扫码看答案

一、练习

（一）选择题

竹筒饭的主要原料是（　　）。

A. 糯米　　　　B. 米粉　　　　C. 面粉　　　　D. 山兰米

（二）判断题

1. 制作竹筒饭的竹子越嫩越好。（　　）

2. 制作竹筒饭的米要装满竹子，这样做出来的竹筒饭才更紧实。（　　）

二、思考

海南黎族地区的竹筒饭和其他地区的竹筒饭有什么不一样？

任务五

定安菜包饭

 明确实训任务

制作定安菜包饭。

 实训任务导入

定安菜包饭这一传统小吃形成于元代。将三至四片洗净晾干的芥菜叶或生菜叶整齐铺在碗里，涂上蒜蓉酱或杂锦酱、生抽，然后铺上一层薄热饭，再放上一层肉丝、虾仁、腊肠和其他刚刚炒熟的菜肴（主要有坡芹、韭菜、蒜苗、酸菜等），接着再铺热饭和菜肴，适量后包裹成球状，从碗里倒出后双手捧着吃。也可以先将熟的菜饭混炒后，用油菜叶包着吃。

定安人做菜包饭的历史久远，追溯到有文字记载的是在清代。清末拔贡生莫家桐曾在《定安乡土志》里有"正月初三祭赤口吃菜包饭"的记载。菜包饭一般在冬季节日或接待宾客时才被端上餐桌，寓意为一家团团圆圆，共享幸福美满的日子，还象征着齐心协力拢住家财，不让其流失。菜包饭俗称"银包金"，实际上是一种古老简单的饮食吃法，后来成为定安一道独特的风味美食。

实训任务目标

（1）了解定安菜包饭的由来、寓意及其在节日、饮食文化中的应用。
（2）熟悉定安菜包饭制作的相关设备、工具及使用方法。
（3）掌握定安菜包饭制作步骤、安全生产规则及卫生意识。
（4）独立完成定安菜包饭成品制作及盘饰工艺流程。

 知识技能准备

1. 原料选购

（1）荤菜：五花肉、干鱿鱼、干虾米、腊肠、鸡胗。
（2）素菜：韭菜、酸菜、四季豆、胡萝卜、蒜苗、坡芹、荞头、葱、香菜。

2. 选购五花肉 好的五花肉肥瘦适中，口感也非常好，不过于油腻，以定安黑猪五花肉为首选。那么如何选购最好的五花肉呢？

（1）看肥肉部分的分布是否均匀：优质的五花肉层层肥瘦相间且适当。油脂在五花肉中分布的位置要适当，最好一层肥肉一层瘦肉。不好的五花肉，肥瘦部位不均匀，容易造成口感过分油腻。

（2）看五花肉是否有弹性：用手轻轻按压时好的五花肉质弹性佳，不会松垮。挑选五花肉时，对于松软无弹性者，应谨慎购买。

（3）看五花肉的颜色：看五花肉的颜色是否鲜红，好的五花肉呈现鲜红色。如果色泽苍白或过于暗红，则不是优质的肉。

（4）用手指触摸五花肉：用手摸五花肉表面，好的五花肉表面有点干或略显湿润而且不黏手。如果黏手，则不是新鲜的五花肉。

（5）闻五花肉的味道：正常的五花肉，没有腥臭味。若闻到不好闻的气味，说明这块五花肉已经变质。

 制作定安菜包饭

一、小吃制作

填写小吃制作工作页。

实训产品	定安菜包饭	实训地点	小吃实训室
操作步骤	❶ 工具　电子秤、码斗、片刀、砧板、不锈钢盆、炒锅、木铲、不锈钢蒸盘等。 ❷ 原料 （1）主料：香米1000 g、清水800 mL、生菜1000 g。  （2）荤菜：五花肉50 g、腊肠50 g、鸡胗50 g、干鱿鱼15 g、干虾米15 g。  （3）素菜：韭菜50 g、四季豆50 g、胡萝卜50 g、蒜苗50 g、坡芹50 g、荞头50 g、葱50 g、香菜20 g。		

定安菜包饭

（4）调料：蒜瓣 40 g、花生油 30 g、盐 6 g、蚝油 20 g、胡椒粉 10 g、白糖 10 g、生抽 20 g、蒜蓉辣椒酱 100 g。

（5）酱汁：蒜蓉辣椒酱 50 g、葱花 10 g、香菜 10 g。

❸ 工艺流程

（1）将香米洗干净，加清水上锅蒸 30 分钟至成熟；米饭蒸好后晾凉打散，最好粒粒分离。

（2）将生菜洗净滤干，干鱿鱼、干虾米加水浸泡 30 分钟。

续表

操作步骤	

（3）五花肉、腊肠、韭菜、四季豆、胡萝卜、蒜苗、坡芹、鲜荞头、葱、香菜清洗干净后分别切成丁；蒜瓣切末。

（4）炒荤菜：热锅后倒入花生油，下蒜末、干鱿鱼、干虾米煸香，后依次加入五花肉、腊肠、鸡胗，加入盐、蚝油、胡椒粉、白糖、生抽调味后炒熟盛出。

（5）炒素菜：热锅后倒入花生油，下蒜末、四季豆、胡萝卜、鲜荞头、蒜苗、坡芹、韭菜，加入盐、蚝油、胡椒粉、白糖、生抽调味后炒熟盛出。

（6）组合：热锅后倒入花生油，把炒好的荤菜、素菜一起倒入锅中，再把香米饭倒入锅中不断翻炒均匀，加入少许葱花调好味即可出锅。

（7）将蒜蓉辣椒酱和葱花、香菜拌匀成酱汁。 |

续表

操作步骤	 （8）将三四片已经洗净的生菜叶，整齐地铺在碗里，在菜叶上涂上酱汁，然后舀入一勺热气腾腾的炒饭，放在生菜菜叶上，将菜叶合拢起来，稍稍用力压一下即可 	
小吃成品		
成品特点	颜色鲜艳，口味适中，搭配和谐，咸香而不腻	
操作重点难点	（1）炒制米饭。 （2）炒原料的火候	

二、收档及整理

填写收档工作页及自查表。

任务名称	各岗位工作任务要素	工作评价			
收档工作记录	水台收档	规范		欠规范	
	切配收档	规范		欠规范	
	打荷收档	规范		欠规范	
	上什收档	规范		欠规范	
	炉头收档	规范		欠规范	
反思					

一、练习

（一）选择题

制作定安菜包饭时米饭选用（　　）。

A. 籼米　　　　B. 粳米　　　　C. 糯米　　　　D. 山兰米

（二）判断题

1. 制作定安菜包饭的生菜要过水烫熟才能用来包饭。（　　）

2. 干鱿鱼和干虾米用酒浸泡是为了更好入味。（　　）

二、思考

海南其他地区的菜包饭和定安菜包饭有什么不一样？

扫码看答案

任务六

八宝饭

明确实训任务

制作八宝饭。

实训任务导入

八宝饭并非海南特有的饭食,但海南人特别爱八宝饭。究其原因,其一,八宝饭在宴席上往往是较后上,其类似于西方的餐后甜食,而海南人大多喜欢甜食;其二,取其吉祥含义,因无论是"八宝"之名,还是其用料中的百合(有百年好合之寓意)、红枣(有早生贵子的寓意)、莲子(连生贵子)都有吉祥寓意,此外,八宝饭的造型及甜味还有圆圆满满、甜甜蜜蜜的寓意,是结婚喜宴上不可少的一道美食。

实训任务目标

(1)了解八宝饭的由来、寓意及其在节日、饮食文化中的应用。
(2)熟悉八宝饭制作的相关设备、工具及使用方法。
(3)掌握八宝饭制作步骤、安全生产规则及卫生意识。
(4)独立完成八宝饭成品制作及盘饰工艺流程。

知识技能准备

一、莲子

莲子是睡莲科水生草本植物莲的种子,又称莲实、莲米、莲肉。莲,又称荷、水芙蓉、水芝。我国大部分地区均有出产,而以江西广昌、福建建宁产者较佳。秋、冬季果实成熟时,割取莲房(莲蓬),从中取出莲子;或收集落入水中后沉于泥内的果实,除去果壳,鲜用或晒干用;或剥去莲子的外皮和心(青色的胚芽),这样处理后的莲子称为莲肉。选购技巧如下。

(1)外观:优质的莲子颗粒较大,大小均匀,表面整齐、没有杂质,呈淡淡的黄色,有明显的光泽。而一些劣质的莲子通常较小,颗粒大小不是特别均匀,表面发白,没有明显的光泽。

(2)口感:一般质量较好的莲子比较容易煮熟,味道清香,放一颗到嘴里嚼时会听到嘎嘎的脆响声,吃完后满口留有香味。而市面上一些质量较差的白莲,煮熟后一般都黏到一块,放进嘴里时感觉香味不是很明显,也听不到脆响声。

（3）工艺：主要指莲子的去皮工艺。优质的莲子采用手工方式去皮，不使用任何机器，经过手工处理的莲子晒干后表面会有一些比较自然的褶皱。当莲子的采摘时间过晚，导致莲蓬成熟过老而无法人工去皮时才选用机器去皮。采用机器去皮的莲子表面会有残留的红皮，而化学去皮的莲子刀痕处会有膨胀，这样的莲子多数为纯白色。

（4）产地：一般来说，福建省西北部的建宁所产莲子较好，它是我国三大贡莲之首。建宁生产的白莲颗粒较大，采用的是手工去皮，没有添加物，安全健康，莲子稍煮即熟，口感松软。

（5）泡发：莲子的好坏也可以通过泡发来鉴别，简单地说，就是把白莲泡进水里，观察其变化。一般优质的莲子，泡发后会比之前的稍大一些，表面比较光滑圆润，摸上去软软的。泡发后的水一般比较清澈，没有杂质。而市面上一些质量较差的莲子泡发后与之前比一般没什么明显的变化，泡发后的水有时还会变得比较浑浊。

二、红枣

红枣又名枣、干枣、枣子，起源于中国，在中国已有八千多年的种植历史，自古以来就被列为"五果"（栗、桃、李、杏、枣）之一。选购技巧如下。

（1）看红枣蒂端：如果蒂端有穿孔或蘸有咖啡色粉末，说明果肉已经被虫蛀了。

（2）攥着红枣，手感坚实的枣粒，一般肉质细腻，是佳品；手感松软粗糙、尚未干透者质量则较差；手感湿软而黏手者，说明其湿度很高，不能久贮。

（3）剖开红枣后见肉色淡黄，核小，没有丝条相连，入口甜糯则质量好；肉色深黄，核大，有丝条相连，口感粗糙，甜味不足或带酸涩味则质量差。

 制作八宝饭

一、小吃制作

填写小吃制作工作页。

实训产品	八宝饭	实训地点	小吃实训室
操作步骤	❶ 工具　电子秤、码斗、片刀、砧板、不锈钢盆、过滤网、保鲜膜、不锈钢蒸盘、蒸炉等。 ❷ 原料 （1）主料：糯米 500 g、清水 250 mL。 （2）辅料：干莲子十几颗、干百合 15 g、红枣十几颗、桂圆干 15 g、橘饼 10 g、枸杞 10 g、姜蓉 10 g、冬瓜糖 20 g、肥肉片 50 g、猪油 20 g、白糖 150 g。 		

八宝饭

❸ 工艺流程

（1）将糯米洗净后加水浸泡4小时，捞出沥干水分备用。

（2）将干莲子、干百合用水浸泡2小时；将红枣、枸杞、桂圆干用清水浸泡30分钟。

（3）将橘饼切碎，冬瓜糖切成小片。

（4）在不锈钢蒸盘内垫入不粘布，将泡好的糯米放入不锈钢蒸盘摊平，加清水至刚好没过糯米，上蒸炉用旺火蒸40分钟，制成八分熟的糯米饭备用。

（5）将泡好的莲子及百合同时放入蒸炉蒸20分钟至六成熟。

（6）将蒸好的糯米饭倒入较大的碗里，加入橘饼、姜蓉、白糖、猪油搅拌均匀备用。

（7）取敞口大碗，在碗内壁铺入保鲜膜。把莲子、百合、红枣、枸杞、桂圆和肥肉片有规律地摆放在碗底，然后码入拌好的糯米饭并压实，确保与碗边平齐，然后用碗外沿的保鲜膜封住。

（8）将装好的大碗糯米饭放入蒸炉里用大火蒸40分钟至定型即可。

（9）稍晾凉后，将大平盘反扣在碗上，再将八宝饭整体倒扣在盘中，揭去保鲜膜即可。

续表

操作步骤	
小吃成品	
成品特点	口感软糯有弹性，果品新鲜无异味，颜色鲜艳有层次，口味甜而不腻
操作重点难点	（1）八宝饭的蒸制。 （2）蒸糯米的成熟度

二、收档及整理

填写收档工作页及自查表。

任务名称	各岗位工作任务要素	工作评价			
收档工作记录	水台收档	规范		欠规范	
	切配收档	规范		欠规范	
	打荷收档	规范		欠规范	
	上什收档	规范		欠规范	
	炉头收档	规范		欠规范	
反思					

一、练习

（一）选择题

八宝饭的主要原料是（　　）。

A. 糯米　　　　B. 米粉　　　　C. 面粉　　　　D. 高粱

（二）判断题

1. 八宝饭的果品加热至越软烂越好。（　　）

2. 莲子的用量很少，所以不用去莲子心，影响不到整个八宝饭的口感。（　　）

二、思考

海南的八宝饭和河南的八宝饭有什么不一样？

扫码看答案

任务七

定安粽子

 明确实训任务

制作定安粽子。

 实训任务导入

定安粽子相传已有600多年的历史，有着"海南第一粽"之美称。俗话说吃"粽子，品文化"，定安粽子还有一段耐人回味的文化爱情故事。

据《定安县志》史料，元末，宫廷内斗，王子图帖睦尔被贬来海南，对定安娘子青梅产生爱慕，在王官的撮合下，二人相恋。王子很喜欢吃咸蛋黄，因此每逢端阳节，王官便差人用黑猪肉加咸鸭蛋黄制成粽子，送给王子和青梅吃，令他们赞不绝口，于是人们把这种粽子称为"王子粽"。后来，图帖睦尔回朝登基，史称文宗，于是"王子粽"又被钦定为"文宗粽"，并成为朝廷的贡品，制作手法流传至今。

定安粽子外观上与海南其他地区的粽子有所区别，一般的海南粽子呈方锥形；定安粽子用米为精白纯正的本地产富硒糯米，馅料多为切成方块的本地产黑猪的猪脚、新鲜的瘦带肥肉、咸蛋黄、虾仁、火腿叉烧、红烧鸡翅，配以酒、虾米、精盐、酱油、姜汁、蒜末、五香粉、冬菇、枸杞、胡椒粉、橘汁、味精搅拌腌制，这样做出来的粽子软绵、浓香、味透、馅多，食而不腻，回味无穷。

定安粽分为两种，用糯米制作的称糯米粽，用籼米制作的称籼米粽。制作时将事先洗干净的粽叶铺好，再依次铺上一层猪肉、咸鸭蛋黄、大米，然后将粽叶仔细包裹好，放在锅中蒸煮十个小时左右后方出炉，制作的过程十分讲究。这样做出来的粽子味美肉鲜，让人越吃越喜爱。

定安粽子已获得国家地理标志证明商标。使用"定安粽子"地理标志和注册商标的粽子需严格遵循以下标准：一是粽叶必须采自定安县岭口、翰林、龙河、龙门等火山地区生长的草本植物（柊叶）的半老叶子；二是所用的糯米必须采用上述火山地区所产的优质富硒糯米；三是所用粽馅必须采用著名的定安黑猪肉和用红土泥腌制的咸鸭蛋黄，加入配料精心制成，经过长达12小时以上的水煮后外形依然下方上尖。

 实训任务目标

（1）了解定安粽子的由来、寓意及其在节日、饮食文化中的应用。

（2）熟悉定安粽子制作的相关设备、工具及使用方法。

（3）掌握定安粽子制作步骤、安全生产规则及卫生意识。

（4）独立完成定安粽子成品制作及盘饰工艺流程。

一、粽叶

制作定安粽子时选用的粽叶一般是柊叶，柊叶是竹芋科柊叶属常绿草本植物，株高可达1米；根茎块状；叶基生，长圆形或长圆状披针形；头状花序无柄，自叶鞘内生出，苞片长圆状披针形，紫红色，顶端初急尖，后呈纤维状，萼片线形，被绢毛，花冠管较萼为短，紫堇色，裂片长圆状倒卵形，深红色；子房被绢毛，果梨形；花期为5—7月。其叶可用于裹米粽或包物。

二、黑猪肉

黑猪肉以皮薄、肉嫩、味香而闻名海南，其中以屯昌产的较为优质。经过多年的精心培育，屯昌黑猪具备抗病力强、耐粗饲、生长速度快、肉质鲜美等特点。在饲养过程中，以玉米、稻谷、木薯、花生饼、米糠等农副产品组成的农家饲料为主，属于真正的绿色繁育和生态养殖。其特点如下。①感官特色：呈鲜红色，脂肪呈乳白色，肉质细嫩，紧实。②理化指标：肌间脂肪 ≥ 4.5%，肌肉嫩度（剪切力）≤ 43 N。③安全及其他质量技术要求：必须符合国家相关规定。

一、小吃制作

填写小吃制作工作页。

实训产品	定安粽子	实训地点	小吃实训室
操作步骤	❶ 工具　电子秤、码斗、片刀、砧板、不锈钢盆、过滤网、锅等。 ❷ 原料 （1）主料：糯米500 g、黑猪五花肉200 g、咸鸭蛋黄5个、清水适量。 （2）辅料：盐5 g、白糖5 g、蒜香油20 g、生抽5 g、老抽5 g、味精2 g、鸡精2 g、蚝油5 g、五香粉5 g、粽叶3张、棉绳1卷。  ❸ 工艺流程 （1）将糯米洗净后加水浸泡约8小时，捞出沥干水分备用，用水将粽叶洗干净。锅中加清水煮沸腾后放入粽叶煮10分钟，捞出过凉水备用。			

定安粽子

（2）将五花肉洗净后切成块，加入盐、白糖、蒜香油、生抽、老抽、味精、鸡精、蚝油、五香粉后通过不断翻滚腌制入味。糯米中加入蒜香油拌匀。

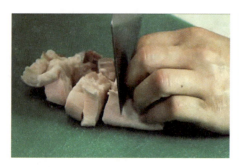

操作步骤

（3）包粽：先将粽叶折成漏斗状（底部不要有孔），然后在其中薄薄地铺上一层糯米，在糯米上放入1块腌好的五花肉、1个咸鸭蛋黄，再铺上一层糯米。双手将粽叶一边合拢折叠，封住斗口（多余的粽叶沿粽子轮廓折回剪齐），用棉绳拦腰扎紧至呈瓷实的锥体状。扎绳很讲究技巧，用力要均匀。若绳子扎得太松，糯米馅容易泄漏；若扎绳太紧，粽子外观不好看。

（4）锅中加清水，放入包好的粽子，旺火煮6小时左右至成熟即可。

煮粽子十分讲究火候。灶下的柴火烧得正旺，火舌熊熊，水沸的时候，粽叶和糯米的香气蔓延周边。煮粽时间的长短决定粽味的浓厚醇香。十几个小时不断地加柴添火，按时添加清水以避免烧干烧煳，煮出来的粽子才够味道。

续表

操作步骤	（5）趁热捞出粽子，解开绳子，打开粽叶，用片刀从中间切开，摆盘即成
小吃成品	
成品特点	粽子紧密无破损，口感软糯有弹性，柊叶香气浓郁，味道咸香而不腻
操作重点难点	（1）煮粽子的方法和时间。 （2）粽子的包法

制订实训任务工作方案

进入厨房工作准备

组织实训评价

二、收档及整理

填写收档工作页及自查表。

任务名称	各岗位工作任务要素	工作评价			
收档工作记录	水台收档	规范		欠规范	
	切配收档	规范		欠规范	
	打荷收档	规范		欠规范	
	上什收档	规范		欠规范	
	炉头收档	规范		欠规范	
反思					

练习与思考

一、练习

（一）选择题

制作定安粽子时选用的是（　　）。

A. 柊叶　　　　B. 椰子叶　　　C. 香蕉叶　　　D. 青竹叶

（二）判断题

1. 煮粽子过程中加冷水更糯。（　　）

2. 绑粽子时不要绑太紧，否则容易涨破。（　　）

二、思考

海南的定安粽子和儋州洛基粽有什么区别？

项目二 糯米粑系列

扫码看课件

【项目目标】

1. 知识目标

（1）能准确表述糯米粑系列制品的选料方法。

（2）能正确讲述与糯米粑系列制品相关的饮食文化。

（3）能介绍糯米粑系列制品的成品特征及应用范围。

2. 技能目标

（1）能对糯米粑系列制品的原料进行组配。

（2）熟练掌握各式糯米粉团调制的方法，并能选择合适的调制方式完成面坯制作，按照制作流程独立完成糯米粑系列制品的制作任务。

（3）能运用合适的调制方式完成各式糯米粉团底坯的制作，进而制作相关产品。

（4）掌握糯米粑系列制品的选料方法、要求。

3. 思政目标

（1）养成安全意识、卫生意识，树立爱岗敬业的职业意识。

（2）在小吃的制作过程中，体验劳动、热爱劳动。

（3）在对糯米粑系列制品相关故事的研究和制作糯米粑系列制品的实践中感悟海南小吃的烹饪文化，培养学生的文化传承意识。

（4）在小吃制作过程中精诚合作、精益求精，体验真实的工作过程。

任务一

红糖年糕

明确实训任务

制作红糖年糕。

实训任务导入

一、红糖年糕的起源和历史

红糖年糕的起源可追溯至古代，当时它作为祭祀祖先和神灵的供品，后逐渐发展成为一道寓意吉祥、团圆的传统美食。随着时间的推移，红糖年糕的制作技艺在各地得到不断发展和创新，形成了各具特色的地方风味。海南人将年糕叫作甜粑。因其是用笼蒸制成熟的，故又叫作粑笼。海南人过年都有吃年糕的习惯，故年糕又称"年年糕"，与"年年高"谐音。

二、红糖年糕的特点、制作方法和口感

红糖年糕以优质糯米粉、红糖为主要原料，经过多道繁琐的工序制作而成。其色泽红亮，软糯香甜，口感丰富。制作时需选用优质糯米浸泡、磨浆、蒸熟，再加入红糖搅拌均匀，最后烘烤或自然晾干而成。成品红糖年糕具有独特的韧性和嚼劲，既可作为点心，也可作为主食。

三、红糖年糕的营养价值及健康功效

红糖年糕不仅美味可口，还具有丰富的营养价值。糯米富含蛋白质、脂肪、碳水化合物等营养成分，有助于补中益气、健脾养胃；红糖则含有多种微量元素和矿物质，如铁、钙、镁等，具有益气养血、暖胃驱寒的功效。适量食用红糖年糕可补充人体所需的能量和营养，提高免疫力，调理身体功能。

四、不同地区流行的红糖年糕做法和食用方式

在中国各地，红糖年糕的制作方法和风味各具特色。如福建地区的红糖年糕以糯米粉为主料，配以花生碎、芝麻等，口感香酥；而浙江地区的红糖年糕则注重糯米的品质和制作的精细程度，口感软糯滑爽。此外，不同地区在食用方式上也各具特色。有的地方习惯将红糖年糕切片煎炸后食用，有的则喜欢将其煮汤或搭配其他食材进行烹调。年糕的种类很多，有用砂糖做的棕色年糕，也有用白糖做的银色年糕，除蒸、炸外，还可以片炒，味道甜咸皆有。

五、现代生活中红糖年糕的应用

在现代生活中,红糖年糕在宴席、旅游业等领域都有着广泛的应用。在许多地方的婚宴、寿宴等喜庆场合,红糖年糕常常作为一道寓意吉祥、团圆的传统美食出现在宴席上。此外,随着旅游业的发展,许多游客也将红糖年糕作为特色手信带回家,让亲朋好友一同品尝这道美味与传统。

六、烹调技巧与食材搭配

要烹调出一道美味的红糖年糕,需掌握一些烹调技巧和食材搭配。首先,选用优质糯米粉和红糖是关键;其次,在搅拌糯米粉和红糖时,需注意力度和均匀度;最后,烘烤或晾干时需控制好温度和时间,以确保年糕的口感和色泽。在食材搭配方面,可根据个人口味加入花生碎、芝麻、核桃等增加口感和营养价值。

实训任务目标

(1)能准确表述红糖年糕的选料特征和相关文化。
(2)能对红糖年糕的原料进行组配。
(3)熟练掌握糯米粉、红糖的调制方法,并能选择合适的调制方式完成糯米糊浆制作,按照制作流程独立完成红糖年糕的制作任务。
(4)能运用糯米糊调制技法制作相关特色小吃。
(5)在对红糖年糕相关故事的研究和制作红糖年糕的实践中感悟海南特色的烹饪文化,在小吃的制作过程中精诚合作、精益求精,体验真实的工作过程。

知识技能准备

在制作红糖年糕时,选择适合的糯米粉非常重要,因为它将直接影响年糕的口感和质地。以下是一些关于糯米粉种类的选择建议。

1. 糯米粉的特性和用途　不同种类的糯米粉具有不同的特性和用途。例如,水磨糯米粉通常比较细腻,适用于制作需要细腻口感的食品,如红糖年糕;而干磨糯米粉则比较粗,口感相对较粗糙,适合用于制作需要丰富口感的食品,如糯米团子等。

2. 红糖年糕的口感需求　红糖年糕需要细腻、滑爽的口感,因此选择水磨糯米粉。水磨糯米粉的研磨方式使其口感更加细腻,能够满足红糖年糕对于口感的特殊要求。

3. 个人口味偏好　不同的人对于食品的口感和风味有不同的偏好。如果你喜欢口感更加细腻的食品,可以选择水磨糯米粉;如果你喜欢口感稍微粗糙一些的食品,可以选择干磨糯米粉。

制作红糖年糕

一、小吃制作

填写小吃制作工作页。

项目二 糯米粑系列

实训产品	红糖年糕	实训地点	小吃实训室
操作步骤	<ol><li>**工具** 不锈钢盆、电子秤、锅、码斗、擀面杖、不锈钢蒸盘等。</li><li>**原料** （1）粉团料：糯米粉 300 g、清水 270 mL、红枣 10 颗、花生油 10 g。 （2）糖浆原料：红糖 100 g、白糖 50 g、花生油 20 g、清水 170 mL。  </li><li>**制作流程** （1）将 170 mL 的清水连同红糖、白糖一起加入锅中煮至糖溶解沸腾。  （2）将 270 mL 清水加入糯米粉中拌成糯米粉团，手上抹花生油后把糯米粉团分成每个 100 g 左右的剂子。   （3）将糯米粉团剂子放入糖浆中煮，边煮边搅拌直至其膨胀并熟透，用铲子将其搓成糊状年糕团，用两根棍子交叉搅拌这些糊状的年糕团直至它们均匀地融合成一大团年糕。   </li></ol>		

红糖年糕

续表

操作步骤	（4）取不锈钢蒸盘，刷油，把搅好的年糕平铺在不锈钢蒸盘里定型，表面摆上红枣，放凉即可切件上桌   注：切年糕一般用线来切，吃的时候还可加鸡蛋煎香食用
小吃成品	
成品特点	表面有光泽，细腻滑爽，甜糯黏滑
操作重点难点	（1）糯米粉团调制的软硬度。 （2）掌握糖浆煮制时的火候大小。 （3）掌握煮制糯米粉团剂子的成熟度以及搅拌技巧

二、收档及整理

填写收档工作页及自查表。

任务名称	各岗位工作任务要素	工作评价			
收档工作记录	水台收档	规范		欠规范	
	切配收档	规范		欠规范	
	打荷收档	规范		欠规范	
	上什收档	规范		欠规范	
	炉头收档	规范		欠规范	
反思					

练习与思考

一、练习

（一）选择题

1. 红糖的主要制作原料是（　　）。
A. 甜菜　　　　B. 甘蔗　　　　C. 麦芽　　　　D. 大米

2. 红糖年糕应选用（　　）制作。
A. 糯米粉　　　B. 水磨糯米粉　　C. 粘米粉　　　D. 面粉

（二）判断题

红糖年糕是烤熟的。（　　）

二、思考

制作红糖年糕的关键点有哪些？

任务二

文昌按粑

 明确实训任务

制作文昌按粑。

 实训任务导入

文昌按粑是海南的一种地方风味小吃,也称为椰香粘软,主要出自著名侨乡、椰乡文昌市一带的民间。制作时在糯米粉中加清水和生油,搅拌揉搓成小团,然后用手按压成扁圆形,在沸水中煮熟后蘸上碎粒状甜馅料食用。文昌按粑的特点是软糯香甜,有浓郁的椰香味,而且黏韧度适中,制作简便,是海南著名美食之一。

 实训任务目标

(1)能准确表述文昌按粑的选料特征和相关文化。

(2)能对文昌按粑的原料进行组配。

(3)熟练掌握红糖椰丝馅的调制方法,并能选择合适的调制方式完成鲜香椰丝制作,按照制作流程独立完成文昌按粑的制作任务。

(4)能运用糯米粉团调制技法制作相关特色小吃。

(5)在对文昌按粑相关故事的研究和制作文昌按粑的实践中感悟海南特色的烹饪文化,在小吃的制作中精诚合作、精益求精,体验真实的工作过程。

 知识技能准备

文昌按粑有一定的营养价值,含有丰富的碳水化合物、蛋白质、脂肪和维生素等。

除了文昌按粑外,海南还有很多其他特色小吃,比如清补凉、香煎萝卜糕、糯米糕、煎堆、秀英蟹粥、白馍、萝卜馍、灰水馍、红糖年糕、中和不老馊馍、海南煎饼和海南煎粽等。这些特色小吃各有各的独特风味和制作工艺,是海南饮食文化的重要组成部分。

 制作文昌按粑

一、小吃制作

填写小吃制作工作页。

实训产品	文昌按粑	实训地点	小吃实训室
操作步骤	❶ 工具　面刮板、码斗、电子秤、锅、过滤网、方盘等。 ❷ 原料 （1）主料：糯米粉250 g、清水220 mL、椰子1个。 （2）辅料：花生油25 g、红糖100 g、熟花生碎15 g、熟白芝麻15 g。  ❸ 制作流程 （1）用刀破开椰子硬壳，用椰丝刨将椰肉刨成椰丝待用。 （2）将糯米粉堆放在案板上，开窝，加入适量清水拌匀，再加入花生油，将其揉搓成团坯，分成10等份，逐个揉成圆形，用手掌将其按压成扁圆状块件（坯体）待用。   （3）取锅烧清水至滚沸，放入"坯体"，用中火煮至完全浮起熟透，然后捞出。 		

文昌按粑

续表

操作步骤	（4）将熟花生碎和熟白芝麻、椰丝、红糖一起搅拌混合均匀，作为馅料待用。 （5）捞出成熟的坯体，逐个放入拌好的馅料中裹上满满一层，随后便可进食或摆盘上席。  注：（1）煮文昌按粑的时间不可过久，否则没有嚼劲。 （2）裹面料时要趁热，凉后难裹上
小吃成品	
成品特点	软糯香甜、椰香味浓郁、黏韧度适中
操作重点难点	（1）学会刨椰丝。 （2）掌握糯米粉团软硬度的调制。 （3）掌握判断坯体成熟度的方法

二、收档及整理

填写收档工作页及自查表。

任务名称	各岗位工作任务要素	工作评价			
收档工作记录	水台收档	规范		欠规范	
	切配收档	规范		欠规范	
	打荷收档	规范		欠规范	
	上什收档	规范		欠规范	
	炉头收档	规范		欠规范	
反思					

练习与思考

一、练习

（一）选择题

1. 文昌按粑的主要制作原料是（　　）。
A. 甜菜　　　　B. 甘蔗　　　　　C. 麦芽　　　D. 糯米

2. 文昌按粑应选用（　　）制作。
A. 糯米粉　　　B. 水磨糯米粉　　C. 粘米粉　　D. 面粉

（二）判断题

1. 文昌按粑是烤熟的。（　　）
2. 文昌按粑煮的时间越长，嚼劲越好。（　　）

二、思考

文昌按粑成熟后为什么要趁热裹馅料？

任务三

海南薏粑

明确实训任务

制作海南薏粑。

实训任务导入

传说,在300多年前,海南某村有个张大娘带着儿子阿春相依为命过日子。阿春身体健壮,练就了一身好武艺。阿春18岁那年辞别母亲,在郑成功部下当海军。张大娘思念儿子,每逢中秋佳节,就做了儿子在家乡时最爱吃的粑,摆在月光下,祷告并对月怀思。冬去春来,不觉整整30年过去了,还不见儿子回来。有一年中秋佳节,正当张大娘在月下祷告时,儿子阿春回来了,母子相会,悲喜交集,阿春从白发苍苍的张大娘手里接过了"忆粑",喜庆团圆,此粑因此而得名。后来,人们习惯把"忆粑"写为"薏粑"。

薏粑是海南传统小吃,被列为"中华名小吃"。其源远流长,民间制作相当普遍,其象征着喜庆、吉祥、幸福、甜蜜、情谊。在农村,人们逢年过节都会制作一些自己吃、送朋友吃。也会在亲朋好友入新宅、小孩满月周岁等的时候送上一筐作为吉祥礼品。

薏粑,是由海南地方方言(yi bua,bua读第三声)翻译而来,"薏"谐音"意",薏粑即表达心意的粑,象征吉祥如意。制作薏粑时用糯米粉做皮,一般以新鲜椰肉丝、芝麻、碾碎的炒花生、红糖、白糖、冬瓜糖等配成馅,以椰子叶、芭蕉叶或菠萝蜜叶包成5 cm左右大小的圆粑,放入锅中蒸20分钟左右即可,蒸熟后趁热吃。

实训任务目标

(1)能准确表述海南薏粑的选料特征和相关文化。

(2)能对海南薏粑的原料进行组配。

(3)熟练掌握粉团调制的方法,并能选择合适的调制方式完成粉团坯制作,按照制作流程独立完成海南薏粑的制作任务。

(4)能运用粉团调制技法制作相关特色小吃。

(5)在对海南薏粑相关故事的研究和制作海南薏粑的实践中感悟海南的烹饪文化,在小吃制作中精诚合作、精益求精,体验真实的工作过程。

项目二　糯米粑系列

 知识技能准备

一、米粉种类

由于米粉的性质不同，制出的食品性质也不同，有的黏实，有的松散。根据属性可分为松质粉、黏质粉。根据制品的需要有的要发酵后使用，有的需要烫面，还有的需要通过煮芡等不同方法调制粉团。

黏质粉制成成品后，黏性强且有韧性。黏质粉一般不需要发酵，有时需要和其他米粉合用，以改进其他原料的性能，便于包制、成型等，扩大粉料的用途，提高成品的质量，使花色品种多样化。黏质粉与多种粮食合用，使各种营养素互补不足，可提高制品营养成分。糯米、大黄米是制黏质粉的主要原料。

二、米粉的磨法

米粉的磨法有三种：干磨、水磨、湿磨。

（1）干磨：不加水，将各种米直接磨成粉称为干磨。特点是含水少而保管方便，不易变质；缺点是粉质粗，滑性差。

（2）水磨：将米和水一起进行磨制，所得产物称为水磨粉，一般磨糯米粉时要掺入少量粳米（大米）。水磨粉的特点是粉质细腻，成品不仅软糯，而且口感润滑；其缺点是含水量大，天热时不易保管。现在采用先进的工艺方法，把水磨粉过滤，通过机械烘干使制品容易保存，如市场出售的糯米粉就是水磨粉，使用比较方便。

（3）湿磨：将米用水浸泡1～3小时后捞出，淘洗干净，晾至半干后磨成粉，这种粉称为湿磨粉。家庭制作粘豆包、炸糕、粘糕等时都是以湿磨粉为原料。

 制作海南薏粑

一、小吃制作

实训产品	海南薏粑	实训地点	小吃实训室
操作步骤	❶ **所需工具**：玻璃碗、码斗、电子秤、片刀、蒸炉、蒸笼、平底锅、木铲、椰丝刨、量杯、刮板、剪刀、木铲等。 ❷ **备料** （1）主料：水磨糯米粉500 g、清水480 mL、中老椰子1个。 （2）辅料：红糖30 g、白糖30 g、熟白芝麻15 g、烤花生碎15 g、冬瓜糖20 g、猪油30 g、花生油适量。 （3）海南薏粑叶子模具：椰子叶。 		

海南薏粑

❸ 工艺流程

（1）将椰子叶清洗干净后用剪刀剪成每段约 22 cm 长，比较硬的头部剪掉。在每段叶子上沿一边剪出 6 个大小一样的格，在分段处沿着格将叶茎弯折，卷成圈后用牙签固定，再剪一小段椰子叶填补缝隙，圈的大小决定薏粑的大小。

（2）用片刀在老椰子中间破开，倒出椰子水，然后刨出椰丝。

操作步骤

（3）平底锅加热，加入 50 mL 清水，再加入白糖、红糖，搅拌溶解，糖水沸腾后加鲜椰丝，用中火不断翻炒，直至水分消失。加入烤花生碎和熟白芝麻、冬瓜糖、猪油，翻炒均匀，盛入容器放凉备用。

（4）取 100 g 水磨糯米粉，加 80 g 清水和成粉团，水烧开后放入粉团煮熟，将熟糯米粉团再次加入剩下的糯米粉中，加清水和成粉团。

（5）将糯米粉团分成每个 40 g 左右的剂子，双手蘸上花生油，将糯米粉团滚圆后用手捏成窝状，包入 50 g 椰丝馅，揉成光滑的球状，放入椰叶壳中按平即可。

续表

	（6）蒸炉烧热，将海南薏粑生坯放在蒸笼里旺火沸水蒸约10分钟直至成熟即可 
小吃成品	
成品特点	椰香浓郁，外皮滑软香糯，香味醇厚，入口生津
操作重点难点	（1）馅料的炒制。 （2）模具的制作（折叠）方法。 （3）熟粉团加工方法（使制品不易变形）

二、收档及整理

填写收档工作页及自查表。

任务名称	各岗位工作任务要素	工 作 评 价			
收档工作记录	水台收档	规范		欠规范	
	切配收档	规范		欠规范	
	打荷收档	规范		欠规范	
	上什收档	规范		欠规范	
	炉头收档	规范		欠规范	
反思					

练习与思考

一、练习

（一）选择题

1. 制作海南薏粑时主要使用了（　　）。
   A. 盐　　　　　B. 生姜　　　　　C. 红糖　　　　　D. 白糖
2. 制作海南薏粑选用（　　）作为主料。
   A. 粘米粉　　　B. 水磨糯米粉　　C. 籼米粉　　　　D. 紫米

（二）判断题

1. 海南薏粑采用蒸的成熟方法。（　　）
2. 海南薏粑的传统口味是酸辣味。（　　）

二、思考

制作海南薏粑还可以使用哪些馅心材料？

任务四

万宁猪肠粑

 明确实训任务

制作万宁猪肠粑。

 实训任务导入

猪肠粑据说是明末清初随着福建移民传入万宁的。古时,因保鲜条件有限,东南沿海一带的渔民外出打鱼,一去就是好几天,所带的饭食容易变质,所以经常挨饿。后来,渔民们发现用糯米制作的粑不仅耐存,吃了还耐饿,因此糯米粑开始作为一种易携易存的干粮登场。猪肠粑又叫大长粑、椰丝长粑,顾名思义,"猪肠"指其外形似猪肠,而"粑"指甜点粑粑,只是这"猪肠"配"粑粑"的组合确实让人感觉有些突兀。其实,猪肠粑是用糯米等原料经多道工序制作而成的。

 实训任务目标

(1)能准确表述万宁猪肠粑的选料特征和相关文化。
(2)能对万宁猪肠粑原料进行组配。
(3)能运用"煎"烹调方法和"卷"烹调技法,按照制作流程独立完成万宁猪肠粑的制作任务。
(4)能运用"煎"烹调技法制作相关小吃。
(5)在万宁猪肠粑相关故事的研究和制作万宁猪肠粑的实践中感悟海南小吃的烹饪文化,在小吃制作中精诚合作、精益求精,体验真实的工作过程。

 知识技能准备

一、煎

煎是指用锅把少量的油加热,再把食物放进去,使其熟透。食物表面会稍呈金黄色乃至微煳。由于加热后,油的温度比水的温度高,因此煎食物的时间往往较短。煎出来的食物味道也会比水煮的甘香可口。

二、卷

卷是面点成型的一种常用方法。在中式点心的成型中,卷又有"双卷"和"单卷"之分。在卷之前都要先将面团擀成大薄片,然后铺馅,最后再按制品的不同要求卷起。"双卷"的操作方法是将已擀好的面皮从两头向中间卷,为"双螺旋式"。此法适用于制作鸳鸯卷、蝴蝶卷、四喜卷、如意卷等品种。"单卷"的操作方法是将已擀好的面皮从一头一直向另一头卷起至成圆筒状。此法适用于制作蛋卷、普通花卷等。

 制作万宁猪肠粑

一、小吃制作

填写小吃制作工作页。

实训产品	万宁猪肠粑	实训地点	小吃实训室
操作步骤	❶ 工具　电子秤、量杯、码斗、不锈钢盆、刮板、椰丝刨、平底锅、木铲、平盘等。 ❷ 原料 （1）主料：水磨糯米粉 500 g、清水 500 mL。 （2）馅料：鲜椰肉 200 g、红糖 60 g、白糖 20 g、清水 50 mL、熟花生碎 50 g、熟白芝麻 20 g、猪油 50 g、熟花生粉 30 g、熟芝麻粉 30 g。  ❸ 工艺流程 （1）水磨糯米粉加清水和成糯米粉团。  （2）平底锅烧热，加入红糖、白糖和清水，煮沸腾后加入鲜椰肉煮至完全无水，再下入熟花生碎及熟白芝麻，翻拌均匀即可（馅料）。 		

续表

操作步骤	（3）将糯米粉团分成两个大剂子，平底锅烧热后下入少许猪油溶解，再把糯米粉团剂子下入平底锅中，同时用铲子不断去按压坯皮，使其形成圆饼皮，再慢慢煎至金黄成熟即可出平底锅。  （4）糯米饼皮出锅后放在平盘里，铺上炒好的馅料，从饼皮一端开始卷，形成猪肠状，表面撒少许熟芝麻粉和熟花生粉，切成3 cm的小段后装盘即可 
小吃成品	
成品特点	椰香浓郁，外皮酥脆香糯，香味醇厚，入口生津
操作重点难点	（1）煎制饼皮时注意火候大小和煎制时间。 （2）擀皮要求厚薄一致。 （3）卷成型时必须要紧实，否则切开时容易变形

二、收档及整理

填写收档工作页及自查表。

任务名称	各岗位工作任务要素	工作评价			
收档工作记录	水台收档	规范		欠规范	
	切配收档	规范		欠规范	
	打荷收档	规范		欠规范	
	上什收档	规范		欠规范	
	炉头收档	规范		欠规范	
反思					

扫码看答案

练习与思考

一、练习

（一）选择题

1. 制作万宁猪肠粑如何做到表皮金黄、酥脆？（　　）
   A. 大火快速煎制　　　　　　B. 小火煎至定型
   C. 小火慢煎，及时翻面　　　D. 加入脆浆粉一同煎

2. 万宁猪肠粑成型采用哪种方法？（　　）
   A. 煮　　　　B. 蒸　　　　C. 单卷　　　　D. 双卷

（二）判断题

1. 面皮煎得越久越酥脆吗？（　　）
2. 馅心的甜度比例与椰丝甜度有关。（　　）

二、思考

万宁猪肠粑成型时为什么要卷紧实？

任务五

会文三角留

 明确实训任务

制作会文三角留。

 实训任务导入

会文三角留起源说法之一

三角留的名字源于三角的形状。这三个角，在民间有着代表福、禄、寿的说法。如果适逢孩子满周岁，就在三角留上点一个"小红点"，外祖父母必须送来表示祝贺，祝孩子三星高照；也可以给父母祝寿，祝父母高寿无疆。若逢乔迁之喜，也有赠送主人三角留的习俗。当然，若是无喜事，而仅仅是在茶楼里作为小吃，"小红点"是不可轻易点的。会文三角留为文昌著名风味小吃，这种风味小吃以会文的三角楼最为有名，会文当地有多家茶店以现做现卖的"三角留"而名声在外，这些茶店多分布于会文镇的琼文中学附近和老集市一带。

 实训任务目标

（1）能准确表述会文三角留选料特征和相关文化。
（2）能对会文三角留原料进行组配。
（3）能运用"蒸"等烹调方法和"包"烹调技法，按照制作流程独立完成会文三角留的制作任务。
（4）能运用"蒸"烹调技法制作相关小吃。
（5）在会文三角留相关故事的研究和制作会文三角留的实践中感悟海南小吃的烹饪文化，在小吃制作中精诚合作、精益求精，体验真实的工作过程。

 知识技能准备

一、蒸

蒸是中式烹调的技法之一，在菜肴的烹制中运用十分广泛。它是利用水蒸气的热量使食物成熟的一种烹制方法。

二、包

包为烹调技法之一。操作时将坯皮上馅，采用包入、拢上、包裹、包捻等手法，把坯皮与馅心合为一体，制成各种形状的成品或半成品。

三、捏

捏是以包为基础并配以其他动作来完成的一种综合性成型方法。捏法主要讲究造型。

制作会文三角留

一、小吃制作

填写小吃制作工作页。

实训产品	会文三角留	实训地点	小吃实训室
操作步骤	<td colspan="3">❶ 工具　电子秤、量杯、码斗、刮板、椰丝刨、平底锅、木铲等。 ❷ 原料 （1）主料：水磨糯米粉 500 g、清水 420 mL、老椰子 1 个。 （2）辅料：姜末 2 g、细盐 3 g、小葱 10 g、猪油 25 g、花生油 30 ml、菠萝蜜叶子适量。  ❸ 工艺流程 （1）水磨糯米粉中加清水，和成粉团。  （2）取老椰子，刨成小碎颗粒状，将小葱切成葱花。  （3）平底锅烧热后加入椰肉，文火慢炒，炒至水分蒸发、椰肉干香，然后下入姜末，加盐调味，再加入葱花和猪油，拌匀后出锅待用。</td>		

续表

操作步骤	 （4）将糯米粉团搓条，分成每个40 g左右的剂子，双手蘸上花生油后把剂子滚圆，再用手掌按成圆形的坯皮（要求中间稍厚边薄），包入馅心后捏住三角形边缘合拢收口即可。  （5）在包好的三角留生坯底部垫菠萝蜜叶，上笼蒸10分钟左右至成熟即可 
小吃成品	
成品特点	润滑爽口，爽脆弹牙
操作重点难点	（1）粉团一定要揉匀揉透。 （2）包馅成型时一定要注意手法，收口收好。 （3）蒸制时旺火沸水，注意时间

二、收档及整理

填写收档工作页及自查表。

任务名称	各岗位工作任务要素	工作评价			
收档工作记录	水台收档	规范		欠规范	
	切配收档	规范		欠规范	
	打荷收档	规范		欠规范	
	上什收档	规范		欠规范	
	炉头收档	规范		欠规范	
反思					

扫码看答案

练习与思考

一、练习

（一）选择题

1. 会文三角留制作时如何做到皮爽滑且富有弹性？（　　）
 A. 加大糯米粉的比例　　　　　　B. 米粉经过炒制
 C. 米粉经过烫制　　　　　　　　D. 糯米粉中加入淀粉

2. 会文三角留生坯皮要求（　　）。
 A. 中间稍厚边薄　　　　　　　　B. 中间薄边缘薄
 C. 中间厚边缘厚　　　　　　　　D. 中间稍薄边缘厚

（二）判断题

1. 蒸得越久，三角留面皮的颜色会越白吗？（　　）
2. 制作会文三角留时是否只注重馅心的味道即可？（　　）

二、思考

制作三角留为什么要煮熟一部分生坯？

项目三 杂粮糕点系列

扫码看课件

【项目目标】

1. 知识目标

（1）能准确表述杂粮糕点的选料方法。

（2）能正确讲述与杂粮糕点相关的饮食文化。

（3）能介绍杂粮糕点的成品特征及应用范围。

2. 技能目标

（1）掌握杂粮糕点的选料方法、选料要求。

（2）能对杂粮糕点的原料进行正确搭配。

（3）能采用正确的操作方法，按照制作流程独立完成杂粮糕点的制作任务。

（4）能运用合适的调制方式制作各种馍、糕类。

3. 思政目标

（1）培养安全意识、卫生意识，树立爱岗敬业的职业意识。

（2）在制品的制作过程中，体验劳动、热爱劳动。

（3）在对馍及各种糕类小吃制品相关故事的研究和制品制作的实践中感悟海南本土特色烹饪文化。

（4）在馍、各种糕类小吃制作中互相配合、团结协作，体验真实的工作过程。

任务一

黑芝麻馍

🥚 明确实训任务

制作黑芝麻馍。

🥚 实训任务导入

儋州人说的"馍"大体上相当于东部如文昌地区说的"粑"。例如，儋州的灰黑芝麻馍就基本相当于东部地区的"赤粑"。按书面解释，它们都属于小吃制品的一种，通常由米浆蒸制而成。

🥚 实训任务目标

（1）了解黑芝麻馍的由来、寓意及其在节日、饮食文化中的应用。
（2）熟悉黑芝麻馍制作的相关设备、工具及使用方法。
（3）掌握黑芝麻馍制作步骤、安全生产规则及卫生意识。
（4）独立完成黑芝麻馍成品制作及盘饰工艺流程。

🥚 知识技能准备

一、黑芝麻选购

1. 外观 要选择颜色发亮，粒度均匀，几乎没有碎粒、爆腰，没有虫且无杂质的黑芝麻。劣质的黑芝麻颜色发暗，粒径不均，丰满度差，有虫和团块。

2. 咀嚼 可以取少量黑芝麻放在嘴里咀嚼，或将其磨碎品尝。因为优质黑芝麻味香，略带甜味，无异味。没有味道或稍有酸味或苦味的黑芝麻是劣质且掺假的黑芝麻。

3. 气味 新鲜的黑芝麻有一股淡淡的香气，而陈旧或变质的黑芝麻会有霉味或者酸臭味。

二、营养价值

黑芝麻味甘，性平，归肝、肾经，其主要功能是补益精血、润燥滑肠。五色主五脏，黑芝麻色黑，补肾润燥滑肠（黑芝麻本身富含大量油脂，对于肠燥便秘患者有润肠通便之功）。

制作黑芝麻馍

一、小吃制作

填写小吃制作工作页。

实训产品	黑芝麻馍	实训地点	小吃实训室
操作步骤	❶ 工具　码斗、不锈钢蒸盘、不锈钢盆、毛刷、多功能料理机、厨房纸巾等。 ❷ 原料 主料：大米 500 g。 辅料：黑芝麻 200 g、花生碎 200 g、清水 2500 mL。 调料：白糖 500 g。  ❸ 制作流程 （1）将 500 g 大米洗净，用水浸泡 4 小时待用。  （2）将 200 g 黑芝麻洗净，入锅小火炒香、炒熟。  （3）将泡制好的 500 g 大米和 200 g 炒香黑芝麻混合均匀。 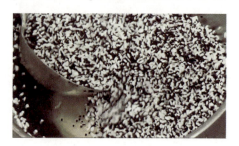		

黑芝麻馍

操作步骤

（4）将混合的大米和炒香黑芝麻中加入 2500 mL 的清水，分多次加入多功能料理机，打成米浆。

（5）过滤米浆，使口感更细腻，加入 400 g 白糖搅拌均匀待用。

（6）在不锈钢蒸盘底部刷一层油。
（7）将打好的米浆约 200 g 倒入不锈钢蒸盘里，平铺一层薄面即可。

（8）入蒸柜蒸 3 分钟，出炉，再加入约 200 g 米浆，平铺一层薄面，蒸 3 分钟，以此类推平铺多层。

（9）最后一层蒸制 20 分钟即可。
（10）出炉后放凉。在备好的 200 g 花生碎中加入 100 g 白糖，搅拌均匀，撒入蒸好的黑芝麻馍表面即可。

续表

操作步骤	（11）切成菱形并装盘 	
小吃成品		
成品特点	黑芝麻香味浓郁，米香醇厚，口感软糯、香甜	
操作重点难点	（1）黑芝麻炒制时注意火候，炒香、炒熟。 （2）米浆需研磨多次，保持细腻	

二、收档及整理

填写收档工作页及自查表。

任务名称	各岗位工作任务要素	工 作 评 价			
收档工作记录	水台收档	规范		欠规范	
	切配收档	规范		欠规范	
	打荷收档	规范		欠规范	
	上什收档	规范		欠规范	
	炉头收档	规范		欠规范	
反思					

一、练习

（一）选择题

在制作黑芝麻馍时如何更好保持黑芝麻的香味？（　　）

A. 加大黑芝麻量　　　　　　B. 黑芝麻小火炒制香

C. 出锅时表面撒上黑芝麻　　D. 呈现作品时撒上黑芝麻

（二）判断题

1. 蒸制时间越久，黑芝麻馍的香味就会越浓郁吗？（　　）

2. 在出锅时撒上黑芝麻是否可以增加香味和食欲呢？（　　）

二、思考

制作黑芝麻馍时的关键点有哪些？

任务二

锅边馍

🍳 明确实训任务

制作锅边馍。

🍳 实训任务导入

锅边馍，又称锅头田，是以新粳米磨浆，在沸水的大铁锅边，用勺子沿锅边缘浇成条状，因而得名。锅边馍有甜、咸两种味道，制作甜味的锅边馍时，首先需要将一种名为"喇啊叶"的植物叶子与粳米混合，打成细腻的米浆，然后把一大锅水烧开，用勺子把米浆浇在锅边，等其受热结成块，再用锅铲将其铲进开水里。这个过程需要重复多次，直至制作出一锅香喷喷、热腾腾的锅边馍。

🍳 实训任务目标

（1）了解锅边馍的由来、寓意及其在节日、饮食文化中的应用。
（2）熟悉锅边馍制作的相关设备、工具及使用方法。
（3）掌握锅边馍制作步骤、安全生产规则及卫生意识。
（4）独立完成锅边馍成品制作及盘饰工艺流程。

🍳 知识技能准备

一、粳米选购

1. 外观　米粒洁白、略透明、富有光泽的是优质新米；若米粒颜色泛青、米灰较重、碎米掺杂，则说明粳米质量较差或存放时间较长。

2. 嗅觉　新米往往带有十分浓厚的清香味，而陈米味道较淡。新米若存放时间较长，会失去清香味道，只能嗅到米糠味。

3. 口感　若口感松软、味道香甜，并且含有充足的水分，则说明粳米比较新鲜；若口感较硬、干燥难嚼，则有可能是陈米，不宜购买。

4. 胚芽　若颜色为乳白色或淡黄色，则是新鲜粳米；若胚芽部位颜色较深或呈咖啡色，则有可能是存放已久的陈米，不宜购买。

二、优质粳米

优质粳米烹制出的熟米饭口感软糯且黏性较大,煮熟的米粒黏在一起,形成饱满圆润的饭团,带来令人愉悦的口感体验。

 制作锅边馍

一、小吃制作

填写小吃制作工作页。

实训产品	锅边馍	实训地点	小吃实训室
操作步骤	❶ 用具　砧板、片刀、码斗、不锈钢盆、瓷碗、炒锅、炒铲、多功能料理机等。 ❷ 原料 (1) 主料:粳米 500 g、清水适量。 (2) 辅料:里脊肉 400 g、干鱿鱼 300 g、酸菜 200 g、甜萝卜干 100 g、小葱 50 g、蒜瓣 100 g、干葱 100 g。 (3) 调料:盐适量、味精 200 g、鸡精 200 g、糖 200 g、生抽 300 g、蚝油 300 g。  ❸ 制作流程 (1) 将粳米洗净,用水浸泡 4 小时。  (2) 将泡制好的粳米加入 1500 g 清水,研磨成米浆。  (3) 将研磨好的米浆进行过滤,使口感更细。		

锅边馍

续表

操作步骤	 （4）在米浆里加入少许的盐，待用。 （5）将辅料进行初加工、切配（丝、末）、炒制。 （6）热锅，倒油，加入蒜末、干葱末爆香，加入适量的水，煮至沸腾。  （7）过滤出锅里的末料，并进行适当的调味。 （8）将米浆沿着锅边淋入，使米浆定型。  （9）用铲子迅速铲入汤中，使馍成熟。 （10）捞出，放入瓷碗里，加入炒制过的里脊肉、酸菜、甜萝卜干、小葱和蒜香油。  
小吃成品	

续表

成品特点	汤味浓郁，米香醇厚，口感软糯爽滑
操作重点难点	（1）米浆研磨细腻。 （2）米浆不宜过稀，淋入锅边时手法要正确

组织实训评价

二、收档及整理

填写收档工作页及自查表。

任务名称	各岗位工作任务要素	工 作 评 价			
收档工作记录	水台收档	规范		欠规范	
	切配收档	规范		欠规范	
	打荷收档	规范		欠规范	
	上什收档	规范		欠规范	
	炉头收档	规范		欠规范	
反思					

练习与思考

扫码看答案

一、练习

（一）选择题

制作锅边馍的主要原料是（　　　）。

A. 糯米　　　　B. 粳米　　　　C. 籼米　　　　D. 面粉

（二）判断题

1. 制作锅边馍时选用晚粳米为最佳。（　　　）
2. 制作锅边馍的粳米无须浸泡，因为浪费时间。（　　　）

二、思考

制作锅边馍时的关键点有哪些？

任务三

椰汁斑斓千层糕

 明确实训任务

制作椰汁斑斓千层糕。

 实训任务导入

一、斑斓叶产地介绍

斑斓叶原产地在印度尼西亚。斑斓叶的学名为香露兜,又名香兰叶,是东南亚著名的香料植物,在新加坡和马来西亚非常普遍,现海南也种植很多。新鲜的斑斓叶气味芬芳,当地人经常利用它来做各种甜点,或是和食物一起混合食用,或者进行植物染色。很久以前,马来西亚的娘惹(华侨与当地土著生下的女性后裔)就喜欢把这种植物加入食物里,因为它有一种十分独特的天然芳香味,能让食物增添清新、香甜的味道。

斑斓叶因其独特的香气和食疗价值,深受当地居民的喜爱。椰浆配上纯纯的斑斓叶,那种味道让人赞不绝口。在蛋糕、面包、饼干、慕斯等产品中加入斑斓叶,吃起来更爽口、更香甜、更美味。

二、斑斓叶的营养功效

斑斓叶有极高的营养价值。斑斓叶中含量最高的亚油酸具有降血脂的作用,可清除体内的多余脂肪,能降低血压、减少血小板凝聚和增强红细胞变形能力,还能使血液中胆固醇水平降低,预防动脉粥样硬化。因人体自身无法合成亚油酸或合成很少,必须从食物中获得,所以亚油酸被称为必需脂肪酸。

斑斓叶里的角鲨烯具有极强的供氧能力,能够在恶劣环境下促进人体新陈代谢,保持皮肤健康,加快机体组织修复等,所以深受女性的青睐。

此外,斑斓叶还富含维生素 K_3、叶绿醇等成分,可以增强身体免疫力。

斑斓叶中富含抗氧化成分,有消暑、缓解疲倦、清凉去火、舒筋活络的功效。

实训任务目标

（1）能准确表述椰汁斑斓千层糕的选料特征和相关文化。

（2）能对椰汁斑斓千层糕的原料进行组配。

（3）熟练掌握绿浆、白浆的调制方法，并能选择合适的调制方式完成生熟浆制作，按照制作流程独立完成椰汁斑斓千层糕的制作任务。

（4）能运用生熟浆调制技法制作相关特色小吃。

（5）在对椰汁斑斓千层糕相关故事的研究和制作椰汁斑斓千层糕的实践中感悟海南特色的烹饪文化，在小吃的制作中精诚合作、精益求精，体验真实的工作过程。

知识技能准备

马蹄粉的相关知识

问：什么是马蹄粉？

答：在介绍马蹄粉之前先介绍马蹄。马蹄即荸荠，又称地栗，皮色紫黑，肉质洁白，在广东称马蹄。而马蹄粉也就是荸荠粉，顾名思义就是马蹄磨成的粉。粉质细腻，结晶体大，味道香甜。

问：马蹄粉有什么作用？

答：马蹄粉有清心消暑、润肺生津、滋补安神之功效，是天然的保健佳品，含丰富的B族维生素、维生素C、植物蛋白等，有清热祛湿解毒的功效。可以做成马蹄糕、马蹄糊等。如果你们品尝到的肠粉口感很光滑、富有弹性且很有韧劲，很大概率里面添加了一点马蹄粉。

问：有什么粉可以代替马蹄粉？

答：从理论上是不能代替的，马蹄粉在性质和结构上和其他粉类区别很大。

①马蹄粉：也称荸荠粉，有较好的透明度和抗冻融能力，主要用于制作马蹄糕、马蹄糊和肠粉。成品折而不裂，软、滑、爽、韧兼备。

②玉米淀粉：也称粟粉，是烹调中使用最广泛的淀粉。主要在烹调中用于挂糊、勾芡和腌肉。

③木薯淀粉：黏性和稳定性都比较好，遇水煮熟后变成透明状，一般用于甜品制作，比如芋圆、麻薯球等。

④白凉粉：也属于淀粉，和马蹄粉最大的区别是马蹄粉需要蒸熟后食用，而白凉粉需要冷藏后食用。

⑤吉利丁片：主要是动物的骨头提炼出来的胶质，广泛用于制作西式甜品，比如慕斯、布丁等。

制作椰汁斑斓千层糕

一、小吃制作

填写小吃制作工作页。

实训产品	椰汁斑斓千层糕	实训地点	小吃实训室
操作步骤	 ❶ 工具　电子秤、多功能料理机、不锈钢蒸盘、蛋抽、码斗等。 ❷ 原料　马蹄粉 250 g、斑斓叶 100 g、椰浆 400 g、白糖 200 g、小苏打 1 g、清水适量。  ❸ 工艺流程 （1）绿浆部分制作方法。 ①将斑斓叶清洗干净，剪成小段，加入 300 mL 清水后倒入多功能料理机榨汁。  ②用滤布或者过筛网过滤榨好的斑斓汁以除去杂质，得到清的斑斓汁，加入 1 g 小苏打、130 g 马蹄粉，搅拌至无颗粒，再用过滤网过滤（即成斑斓生浆），待用。  ③将 300 mL 清水加入 100 g 白糖中煮开至糖溶化之后，加入约 60 g 的斑斓生浆，边加边搅拌成糊状（即成斑斓熟浆）。 ④将步骤③的斑斓熟浆倒入步骤②的生浆中，边倒边搅拌均匀，得到绿浆后过滤待用。 （2）白浆部分制作方法。 ①取 120 g 马蹄粉，加入 100 mL 清水，再加入 400 g 椰浆搅拌均匀，再用过滤网过滤到无颗粒状即可得到椰浆生浆。

续表

操作步骤	 ②将 100 mL 清水加入 100 g 白糖中煮开至白糖溶化后,加入约 30 g 的椰浆生浆,边加边搅拌成糊状,即得到椰浆熟浆。   ③将步骤②的椰浆熟浆倒入步骤①的椰浆生浆,边倒边搅拌均匀,得到白浆后过滤待用。  (3)成熟(蒸)。锅里加清水先煮开,不锈钢蒸盘里倒入适量的斑斓熟浆,蒸3分钟,凝固后再倒入白浆蒸3分钟。重复此步骤,一层层地蒸,最后几层可以稍微蒸久些,待凉后切成菱形块状。  注意:马蹄粉容易沉淀,每次舀浆时最好搅拌一下。蒸好后一定要放凉后再切。
小吃成品	

续表

组织实训评价

成品特点	斑斓千层糕香味浓郁，Q弹甜口，层次分明
操作重点难点	（1）掌握斑斓千层糕的层次感。 （2）煮生熟浆时注意火候与浓稠度。 （3）蒸制时把握每一层的量，做到层次分明

二、收档及整理

填写收档工作页及自查表。

任务名称	各岗位工作任务要素	工 作 评 价			
收档工作记录	水台收档	规范		欠规范	
	切配收档	规范		欠规范	
	打荷收档	规范		欠规范	
	上什收档	规范		欠规范	
	炉头收档	规范		欠规范	
反思					

扫码看答案

练习与思考

一、练习

（一）选择题

制作斑斓千层糕时主料选择（　　　）。

A. 马蹄粉　　　B. 玉米淀粉　　　C. 木薯淀粉　　　D. 白凉粉

（二）判断题

1. 制作斑斓千层糕，蒸得越久，斑斓的香味就会越浓郁。（　　　）
2. 斑斓千层糕蒸好后一定要放凉后再切。（　　　）

二、思考

制作斑斓千层糕时为什么要加小苏打？

任务四

椰汁咖啡千层糕

明确实训任务

制作椰汁咖啡千层糕。

实训任务导入

随着甜品行业的蓬勃发展，椰汁咖啡千层糕作为一款口感独特、风味浓郁的甜品，结合了椰香与咖啡香，口感丰富，层次分明，受到广大消费者的喜爱。椰汁咖啡千层糕并非现代的创新小吃，它实际上诞生于民国时期，已经算是小吃中资历颇深的"经典款"了。

实训任务目标

（1）能准确表述椰汁咖啡千层糕的选料特征和相关文化。

（2）能对椰汁咖啡千层糕的原料进行组配。

（3）熟练掌握黄浆、白浆的调制方法，并能选择合适的调制方式完成生熟浆制作，按照制作流程独立完成椰汁咖啡千层糕的制作任务。

（4）能运用生熟浆调制技法制作相关特色小吃。

（5）在对椰汁咖啡千层糕相关故事的研究和制作椰汁咖啡千层糕的实践中感悟海南特色的烹饪文化，在小吃的制作中精诚合作、精益求精，体验真实的工作过程。

知识技能准备

一、咖啡

咖啡树是茜草科咖啡属多年生常绿灌木或小乔木。日常饮用的咖啡是用咖啡豆配合各种不同的烹煮器具制作出来的，而咖啡豆是咖啡树果实内的果仁经适当的烘焙方法烘焙而成。

二、咖啡的主要成分

1. **香气成分** 咖啡精油、酯类。
2. **颜色成分** 单宁酸、咖啡酸、焦糖。
3. **苦味成分** 咖啡因。
4. **涩味成分** 单宁。

制作椰汁咖啡千层糕

一、小吃制作

填写小吃制作工作页。

实训产品	椰汁咖啡千层糕	实训地点	小吃实训室
操作步骤	❶ 工具　电子秤、码斗、量杯、不锈钢蒸盘、蛋抽、电磁炉、锅等。 ❷ 原料　马蹄粉 250 g、咖啡 38 g、椰浆 400 g、白糖 200 g、清水 800 mL。  ❸ 工艺流程 （1）黄浆制作方法。 ①取 125 g 马蹄粉，加入 300 mL 清水搅拌均匀，用过滤网过滤以除去杂质，得到细腻的马蹄生浆备用。  ②取 300 mL 清水，加入 38 g 咖啡中，再加入 100 g 白糖，煮开至糖溶化后关小火，加入约 30 g 的马蹄生浆，边加边搅拌至成浓稠状，即得到咖啡熟浆。 		

③将咖啡熟浆倒入之前调好的马蹄生浆里,边倒边搅拌均匀,直到成黄浆后过滤备用。

（2）白浆制作方法。

①取 125 g 马蹄粉,加入 100 mL 清水,再加入 400 g 椰浆搅拌均匀,用过滤网过滤到无颗粒(即成椰浆生浆),待用。

②取 100 mL 清水,加入 100 g 白糖,煮开至糖溶化后,加入约 30 g 的椰浆生浆,边加边搅拌成浓稠状,即得到椰浆熟浆。

③将椰浆熟浆再倒入椰浆生浆中,边倒边搅拌均匀,直到成白浆后过滤待用。

续表

操作步骤	（3）成熟(蒸)：往不锈钢蒸盘里倒入适量的黄浆，蒸3分钟，凝固后再倒入白浆蒸3分钟。重复此步骤，一层层地蒸，蒸熟待凉后切成菱形块状。 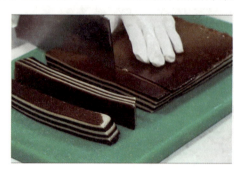 
小吃成品	
成品特点	咖啡味浓郁，层次分明，爽滑Q弹
操作重点难点	（1）咖啡的选择。 （2）白浆、黄浆的煮制。 （3）黄白层次分明

二、收档及整理

填写收档工作页及自查表。

任务名称	各岗位工作任务要素	工作评价			
收档工作记录	水台收档	规范		欠规范	
	切配收档	规范		欠规范	
	打荷收档	规范		欠规范	
	上什收档	规范		欠规范	
	炉头收档	规范		欠规范	
反思					

练习与思考

扫码看答案

一、练习

（一）选择题

制作椰汁咖啡千层糕时主料选择（　　　）。

A. 马蹄粉　　　　B. 玉米淀粉　　　　C. 木薯淀粉　　　　D. 白凉粉

（二）判断题

1. 椰汁咖啡千层糕蒸得越久，咖啡的香味就会越浓郁。（　　　）

2. 椰汁咖啡千层糕蒸好后一定要放凉后再切。（　　　）

二、思考

制作椰汁咖啡千层糕时需要注意哪些要点？

任务五

椰香木薯糕

明确实训任务
制作椰香木薯糕。

实训任务导入
椰香木薯糕是万宁兴隆地区东南亚风味小吃,以木薯为主料,成品精致,色泽淡黄,糕质柔韧,椰香奶香相济,甜滑可口。

实训任务目标
（1）能准确表述椰香木薯糕的选料特征和相关文化。
（2）能对椰香木薯糕的原料进行组配。
（3）熟练掌握木薯泥的调制方法,并能选择合适的调制方式完成椰香木薯糕的加工制作,按照制作流程独立完成椰香木薯糕的制作任务。
（4）能运用木薯泥调制技法制作相关特色小吃。
（5）在对椰香木薯糕相关故事的研究和制作椰香木薯糕的实践中感悟海南特色的烹饪文化,在小吃的制作中精诚合作、精益求精,体验真实的工作过程。

知识技能准备
木薯分为苦木薯和甜木薯。甜木薯毒素含量极低；苦木薯中则含有亚麻仁苦苷,在胃酸作用下会产生一种神经毒剂——氢氰酸。甜木薯需剥掉外皮,洗净后煮熟再吃；而苦木薯则一定要经过去毒处理后再煮熟了吃。民间说的"吃木薯会醉人"其实就是轻微中毒。

木薯的根、茎、叶都含有毒物质,如果食用生的或未煮熟的木薯或喝其汤,可引起中毒,其毒素可导致神经麻痹,甚至会引起永久性瘫痪。

木薯的做法：削皮,切小块后和水一同放进高压锅,上压煮10分钟左右,此时的木薯已经煮开花了,加上黄片糖,煮至糖完全溶化。市场上销售的正规木薯粉,都经过了"脱毒"处理。

制作椰香木薯糕

一、小吃制作
填写小吃制作工作页。

实训产品	椰香木薯糕	实训地点	小吃实训室
操作步骤	<td colspan="3">❶ **工具**　菜刀、码斗、砧板、蒸炉、电子秤、多功能料理机、椰丝刨、不锈钢蒸盘、毛刷、隔热手套、平底锅等。 ❷ **原料** （1）主料：木薯 500 g。 （2）辅料：鲜椰丝 200 g、白糖 100 g、花生油 50 g、熟白芝麻 20 g。   ❸ **工艺流程** （1）将木薯去皮、洗干净后切成小块，投入多功能料理机中打成泥待用。    （2）取不锈钢蒸盘，涂上花生油，将搅拌好的木薯糕生坯倒入不锈钢蒸盘内，抹平表面，送进蒸炉旺火蒸 25 分钟左右至熟后取出待用。   （3）热锅中加入鲜椰丝翻炒一小会儿，加入白糖炒至无水分，再加入熟白芝麻翻炒拌匀待用。 </td>

续表

操作步骤	（4）在蒸好的木薯糕上趁热铺上椰丝馅，卷紧，然后切成直径3 cm的小卷，装盘即可   
小吃成品	
成品特点	绵香可口，色泽淡黄，糕质柔韧
操作重点难点	（1）木薯的外皮含有毒物质，加工的时候一定要去干净。 （2）也可以将鲜椰丝加入木薯糕生料里一起蒸制

二、收档及整理

填写收档工作页及自查表。

任务名称	各岗位工作任务要素	工作评价			
收档工作记录	水台收档	规范		欠规范	
	切配收档	规范		欠规范	
	打荷收档	规范		欠规范	
	上什收档	规范		欠规范	
	炉头收档	规范		欠规范	
反思					

练习与思考

一、练习

（一）选择题

1.椰香木薯糕成型的手法是（　　　）。

A. 擀　　　　B. 包　　　　C. 卷　　　　D. 叠

2. 下列哪项不是椰香木薯糕的原料？（　　）

A. 鲜椰丝　　B. 白糖　　C. 黄油　　D. 熟白芝麻

（二）判断题

1. 木薯要完全打成泥，否则不易成熟而影响产品质量。（　　）

2. 木薯外皮含有毒物质。（　　）

二、思考

运用木薯还可以制作哪些小吃制品？

任务六

香煎萝卜糕

明确实训任务

烹制香煎萝卜糕。

实训任务导入

海南香煎萝卜糕是海南地方传统小吃,民间制法因地而异,但都须以粘米浆、生白萝卜丝为主料,其他辅料可随意变换,可简,可繁,可蒸,可煎,也可先蒸后煎而食。

实训任务目标

(1)能准确表述香煎萝卜糕的选料特征和相关文化。

(2)能对香煎萝卜糕的原料进行组配。

(3)熟练掌握粘米浆的调制方法,并能选择合适的调制方式完成香煎萝卜糕加工制作,按照制作流程独立完成香煎萝卜糕的制作任务。

(4)能运用粘米浆调制技法制作相关特色小吃。

(5)在对香煎萝卜糕相关故事的研究和制作香煎萝卜糕的实践中感悟海南特色的烹饪文化,在小吃的制作中精诚合作、精益求精,体验真实的工作过程。

知识技能准备

萝卜为寒凉蔬菜,阴盛偏寒体质者、脾胃虚寒者不宜多食。胃及十二指肠溃疡、慢性胃炎、单纯甲状腺肿、先兆流产、子宫脱垂等患者应少食萝卜。

制作香煎萝卜糕

一、小吃制作

填写小吃制作工作页。

实训产品	香煎萝卜糕	实训地点	特色小吃实训室
操作步骤	❶ 工具:不锈钢盆、电子秤、刨丝器、砧板、平底锅、木铲、码斗、刨皮刀、过滤网、片刀、蛋抽等。		

续表

❷ 原料

（1）主料：粘米粉300 g、清水800 mL、生白萝卜丝1500 g、粟粉50 g。

（2）辅料：干虾米30 g、葱花50 g、干贝30 g、味精35 g、盐5 g、白糖50 g、白胡椒粉5 g、蒜末20 g、花生油200 ml。

❸ 工艺流程

（1）生白萝卜去皮刨成丝后焯水至熟，捞出挤干水分待用；干虾米泡水至软后滤干水分，切成粒待用，干贝焯水捞出后拆成丝，并用热油炸至金黄色待用。

（2）制蒜香油：取蒜末，加花生油爆香至熬制成金黄色，待用。

（3）粘米粉和粟粉混合，加入盐、白糖、味精、白胡椒粉、清水，用蛋抽搅拌成糊状，再加入挤干水分的生白萝卜丝、虾米粒、干贝丝、葱花及蒜香油搅拌均匀，平均分成三等份，待用。

续表

操作步骤	  （4）平底锅烧热后倒入花生油，把调好的萝卜丝糊倒入平底锅中，用木铲慢慢按平整（成圆饼状），文火慢煎，边煎边滑锅使其均匀受热定型至金黄色，翻面后用同样的方法煎制成熟至呈金黄色即可出锅  
小吃成品	
成品特点	质地柔软，味道鲜美，外酥内糯
操作重点难点	（1）生白萝卜丝一定要焯水，去苦涩味。 （2）根据生白萝卜的含水量，主料中的水可加多或者减少。 （3）煎时要控制好火候，否则容易煎煳或不熟。 （4）翻面时掌握好翻锅技巧，否则制品造型不美观

二、收档及整理

填写收档工作页及自查表。

任务名称	各岗位工作任务要素	工作评价			
收档工作记录	水台收档	规范		欠规范	
	切配收档	规范		欠规范	
	打荷收档	规范		欠规范	
	上什收档	规范		欠规范	
	炉头收档	规范		欠规范	
反思					

扫码看答案

一、练习

（一）选择题

1. 生白萝卜一定要过水，其目的是（　　）。

A. 去除辣味　　　B. 去除香味　　　C. 去除苦涩味　　　D. 去除甜味

2. 香煎萝卜糕成熟的方法是（　　）。

A. 煮　　　　　　B. 煎　　　　　　C. 烤　　　　　　　D. 炸

（二）判断题

1. 实际操作中，米糊调得越稀越好。（　　）

2. 文火慢煎，边煎边滑锅使其均匀受热定型至金黄色。（　　）

二、思考

制作香煎萝卜糕时要注意哪些要点？

项目四
大众茶点系列

扫码看课件

【项目目标】

1. 知识目标
（1）能准确表述大众茶点系列制品的选料方法。
（2）能正确讲述与大众茶点系列制品相关的饮食文化。
（3）能介绍大众茶点系列制品的成品特征及作品的应用范围。

2. 技能目标
（1）能对大众茶点系列制品的原料进行组配。
（2）熟练掌握各式制品面坯调制的方法，并能选择合适的调制方式完成面坯制作，按照制作流程独立完成大众茶点系列制品的制作任务。
（3）能运用合适的调制方式完成各式制品的底坯制作，进而制作相关产品。
（4）掌握大众茶点系列制品的选料方法、选料要求。

3. 思政目标
（1）养成安全意识、卫生意识，树立爱岗敬业的职业意识。
（2）在小吃的制作过程中，体验劳动、热爱劳动。
（3）在对大众茶点系列制品相关故事的研究和制作大众茶点系列制品的实践中感悟海南小吃的烹饪文化。
（4）在小吃制作中精诚合作、精益求精，体验真实的工作过程。

任务一

文昌糖贡（米花糖）

 明确实训任务

制作文昌糖贡（米花糖）。

 实训任务导入

文昌糖贡，俗称米花糖，是海南文昌市的著名特产。文昌糖贡始于明朝，是在文昌民间流传了上百年的一种传统"年糕"，用糖拌爆糯米花，添加花生米、椰子肉、芝麻等制作而成，白、香、酥、脆，非常美味，古时作为贡品进献朝廷，故名糖贡。每逢春节，文昌民间每家每户必备糖贡，用来招待亲友等，在文昌民间更有"无鸡不成宴，无糖贡不像过年"的谚语。

作为海南地区的特色美食，文昌糖贡以其独特的制作工艺和美味口感，在海南美食文化中占据着重要的地位。在海南，文昌糖贡已成为一种象征，彰显着海南人民对于美食的热爱和对完美的追求。在历史的长河中，文昌糖贡不断得到传承和发展。名师们的精湛技艺和不断创新的精神，使文昌糖贡流传至今。同时，文昌糖贡也是民俗风情和节日氛围的重要载体。在春节等传统节日，人们互赠文昌糖贡，表达祝福和美好愿望。

 实训任务目标

（1）能准确表述文昌糖贡（米花糖）的选料特征和相关文化。

（2）能对文昌糖贡（米花糖）的原料进行组配。

（3）熟练掌握糯米花制作方法，学会糖浆熬制方法，按照制作流程独立完成文昌糖贡（米花糖）的制作任务。

（4）能运用糖贡调制技法制作相关特色小吃。

（5）在对文昌糖贡（米花糖）相关故事的研究和实践中感悟海南特色的烹饪文化，在小吃的制作中精诚合作、精益求精，体验真实的工作过程。

 知识技能准备

文昌糖贡的制作原料主要包括糯（粳）米花、熟花生、粗白糖、熟白芝麻等，这些原料在制作过程中需要经过精选和处理。糯（粳）米是制作文昌糖贡的主要原料之一，其特有的黏性和口感为糖贡的成型和口感提供了基础。粗白糖则是糖贡甜味的主要来源，它的比例和添加时机都会影响到糖贡的口感和品质。

文昌糖贡的制作工艺非常讲究,需要经过多道工序和严格的火候控制。

第一步:糯(粳)米谷的加工。将每年秋季收割的新鲜稻谷加水煮至谷壳爆裂后晒干,再舂去外壳,得到干硬的粘米粒。

第二步:取细细的海沙,放入大铁锅中炒热,倒入少许舂好的干硬的粘米粒,爆至米粒膨胀、颜色白中偏黄、爽脆即可用筛子筛出。

第三步:用第二步的方法将花生米炒脆后去掉红外衣。

制作文昌糖贡(米花糖)

一、小吃制作

填写小吃制作工作页。

实训产品	文昌糖贡(米花糖)	实训地点	小吃实训室
操作步骤	❶ 工具　方盘、电子秤、炒锅、筷子、码斗、擀面杖、片刀、筷子等。 ❷ 原料 (1)主料:糯米花 180 g、熟花生 180 g、熟白芝麻 100 g。 (2)辅料:粗白糖 250 g、姜蓉 5 g、酸橘汁 5 g、清水 150 mL。   ❸ 制作流程 (1)在方盘底部撒一层熟白芝麻待用。 (2)煮糖浆:取粗白糖,加清水煮沸,改文火边煮边搅拌至糖溶解后,停止搅拌。煮到锅中大气泡变成小气泡时,加入酸橘汁、姜蓉,边煮边搅,防止糖翻砂。当糖浆产生一定的黏性和拉力时把火调小。   (3)当糖浆变成琥珀色的小气泡时,取一碗凉水,用筷子挑一点糖浆放到凉水里,若糖浆能迅速结成硬团,说明糖浆已煮好。

续表

操作步骤	（4）将糯米花、熟花生倒入煮好的糖浆锅里，快速翻拌混合，搅拌均匀，然后倒入方盘中用擀面杖压紧、压平整，在上面再撒上一层熟白芝麻后压紧实。（5）趁制品没有完全凉透时迅速用片刀进行切块
小吃成品	
成品特点	绵甜而酥脆，甜而不腻，黏而不粘
操作重点难点	（1）煮糖浆时需要技巧与经验，糖浆这一环节把握不好，将前功尽弃。 （2）在方盘内成型时不可碾压过实，否则会影响成品口感。 （3）切块时要趁热切，凉后变脆，切的时候容易散开

二、收档及整理

填写收档工作页及自查表。

任务名称	各岗位工作任务要素	工作评价			
收档工作记录	水台收档	规范		欠规范	
	切配收档	规范		欠规范	
	打荷收档	规范		欠规范	
	上什收档	规范		欠规范	
	炉头收档	规范		欠规范	
反思					

练习与思考

一、练习

（一）选择题

1.加酸橘汁的作用是（　　）。

A.调节口味　　B.调节糖浆黏度　　C.增加酸味　　D.使糖浆结块

2.糖贡应选用（　　）制作。

A.粗砂糖　　B.绵白糖　　C.红糖　　D.糖浆

（二）判断题

1.糖浆煮好后要迅速把糯米花和熟花生加入翻拌。（　　）

2.煮糖浆的过程中要不断搅拌。（　　）

二、思考

制作糖浆的难点有哪些？

任务二

煎堆(珍袋)

 明确实训任务

制作煎堆(珍袋)。

 实训任务导入

煎堆(珍袋)以文昌锦山镇的较为出名,其特点是制作精细、用料考究、皮脆馅香、甜腻适中、味道浓烈。锦山煎堆是海南省著名的特色美食,煎堆在海南俗称"珍袋"。海南各地制作的煎堆种类很多,包括有馅料的实心煎堆、夹心煎堆,还有没有馅料的。时代在发展,人们对美食的需求越来越多,但唯一不变的就是对这些传统美食的情愫。代代传承的手艺使得海南传统味道朴实却不平凡。

实训任务目标

(1)能准确表述煎堆的选料特征和相关文化。
(2)能对煎堆的原料进行组配。
(3)熟练掌握糯米粉团调制方法,学会掌控油温及炸的烹调方法,按照制作流程独立完成煎堆的制作任务。
(4)能运用糯米粉团调制技法制作相关特色小吃。
(5)在对煎堆相关故事的研究和制作实践中感悟海南特色的烹饪文化,在小吃的制作中精诚合作、精益求精,体验真实的工作过程。

 知识技能准备

煎堆的制作原料主要包括水磨糯米粉、水、澄面、白糖、猪油、椰丝、冬瓜糖、熟花生碎、熟白芝麻、生白芝麻、清油,这些原料在制作过程中需要经过精选和处理。制作煎堆时以水磨糯米粉包住馅料油炸而成,馅料为搅匀的椰丝和熟花生碎。煎堆制作比较困难,讲究米性、料性和糖性,并以一定比例结合在一起,稍有误差就容易出现表皮破损、馅料溢出和出锅后煎堆软粘而不脆等问题。

煎堆的制作工艺非常讲究,需要经过多道工序和严格的火候控制。煎堆意为金堆块,常作为礼品送人。正月里,当地人有买煎堆回家或是走访亲友的习俗。煎堆的表皮经油炸后起泡变脆,有"起水"之意,意为今后的生活将有起色而变得更好。特别是正月初二那天,煎堆是妇女们回娘家的必备礼品。另外,当地华侨回国也非常喜欢带煎堆给亲朋好友。

制作煎堆（珍袋）

一、小吃制作

填写小吃制作工作页。

实训产品	煎堆（珍袋）	实训地点	小吃实训室
操作步骤	\multicolumn{3}{l}{❶ 工具　电子秤、炒锅、过滤网、码斗、刮板、面棍等。 ❷ 原料 （1）主料：水磨糯米粉 250 g、清水 220 mL。 （2）辅料：澄面 40 g、白糖 40 g、猪油 30 g、椰丝 20 g、冬瓜糖 20 g、熟花生碎 20 g、熟白芝麻 10 g、生白芝麻 200 g、清油 1000 ml。  ❸ 工艺流程 （1）取 40 mL 清水煮沸腾，加入澄面后用面棍迅速搅拌混合，再用刮板刮出，放在案板上搓透。   （2）将椰丝、冬瓜糖、熟花生碎、熟白芝麻混合拌匀成煎堆馅料。 （3）将水磨糯米粉倒在案板上，开窝，窝中间加白糖和清水并搅拌至糖完全溶解，加入糯米粉揉搓成糯米粉团，再将猪油加入揉匀，将揉好的糯米粉团分成 50 g 的剂子，将剂子揉圆，用拇指将糯米粉团按压成厚度适中的凹槽状，然后填入一小勺调好的馅料，双手用力按压紧实后快速搓成表面光滑的圆球状。   }

续表

操作步骤	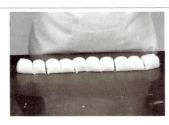 （4）将包好馅料的糯米粉团放入生白芝麻中，不断滚动，使其表面蘸满芝麻粒，然后用双手滚搓紧实。  （5）锅烧热落清油，烧至130 ℃时，将煎堆坯轻轻放入热油中，待其慢慢浮起后用过滤网在煎堆面上轻压、打圈，让其充分受热后均匀膨胀。煎堆完全浮在表面后将火调大，使油温升热至160 ℃左右，待煎堆呈金黄色后捞起，将油沥干后装盘即可
小吃成品	
成品特点	色泽金黄，体积膨大滚圆，皮薄酥脆，香甜可口
操作重点难点	（1）烫制澄面时要烫熟，揉匀揉透，避免颗粒。 （2）入锅时油温控制在130 ℃，油温过高会影响煎堆膨胀。 （3）不断滚压使其充分受热后均匀膨胀，厚薄一致

二、收档及整理

填写收档工作页及自查表。

任务名称	各岗位工作任务要素	工作评价		
收档工作记录	水台收档	规范		欠规范
	切配收档	规范		欠规范
	打荷收档	规范		欠规范
	上什收档	规范		欠规范
	炉头收档	规范		欠规范
反思				

练习与思考

一、练习

（一）选择题

1. 加澄面的作用是（　　）。
A. 调节口味　　　B. 制品成熟不容易变形　　　C. 使制品膨松　　　D. 改变色泽

2. 炸制煎堆，油温为（　　）时下锅。
A. 90～110 ℃　　B. 100～120 ℃　　C. 110～120 ℃　　D. 120～130 ℃

（二）判断题

1. 澄面的调制方法是冷水调匀。（　　）
2. 海南特色风味小吃中俗称为"珍袋"的是煎堆。（　　）

二、思考

制作煎堆的难点有哪些？

任务三

香脆酥饺

 明确实训任务

制作香脆酥饺。

 实训任务导入

香脆酥饺源于福建、广东等地的小食,不同的地区的馅料都根据地方饮食习惯而略有不同。香脆酥饺酥脆可口,馅料香浓,受到众多群众的喜爱,物美价廉,老少皆宜。

 实训任务目标

（1）能准确表述香脆酥饺的选料特征和相关文化。

（2）能对香脆酥饺的原料进行组配。

（3）熟练掌握面粉团调制方法,学会掌控油温及炸的烹调方法,按照制作流程独立完成香脆酥饺的制作任务。

（4）能运用面粉团调制技法制作相关特色小吃。

（5）在对香脆酥饺相关故事的研究和制作实践中感悟海南特色的烹饪文化,在小吃的制作中精诚合作、精益求精,体验真实的工作过程。

 知识技能准备

椰蓉属于纯天然食品,含有丰富的维生素、矿物质和微量元素。椰子果肉里绝大多数的蛋白质储存其中,中医上认为其有益气补虚、滋润皮肤的功效。

花生被人们誉为"植物肉",含油量高达50%,品质优良,气味清香。除供食用外,还用于印染、造纸工业,花生也是一味中药,适用于营养不良、脾胃失调、咳嗽痰喘、乳汁缺少等症。花生的热量高于肉类,比牛奶高20%,比鸡蛋高40%。花生栽培管理的技术性较强。

制作香脆酥饺

一、小吃制作

填写小吃制作工作页。

实训产品	香脆酥饺	实训地点	小吃实训室
操作步骤	<td colspan="3">

❶ **工具**　塑料碗、电子秤、锅、码斗、面粉筛、圆刻模具、面刮板、擀面杖等。

❷ **原料**

（1）皮料：低筋面粉 250 g、绵白糖 40 g、盐 1.5 g、鸡蛋 1 个、泡打粉 2.5 g、小苏打 2.5 g、猪油 25 g、清水 40 mL。

（2）馅料：粗白糖 100 g、椰蓉 50 g、熟花生碎 50 g、熟黑芝麻碎 50 g。

❸ **工艺流程**

（1）低筋面粉、泡打粉和小苏打混合过筛。

（2）将过筛好的粉倒在案板上开窝。将鸡蛋、盐、绵白糖、清水加入窝中搅拌均匀。用面刮板将边缘的面粉加入窝中炒拌成面絮状，再加入猪油揉至上筋，和成面团，用保鲜膜盖住醒面约 10 分钟，待用。

（3）馅料：将粗白糖、椰蓉、熟花生碎和熟黑芝麻碎混合搅拌均匀即可待用。

</td> |

续表

操作步骤	 （4）将醒好的面团用擀面杖擀成厚约 0.2 cm 的薄皮，用圆刻模具刻出坯皮。   （5）包入馅料，卷出花边（呈眉毛形）。  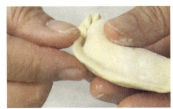 （6）锅烧热，加入猪油，烧到油温约 160 ℃，放入包好的眉毛形饺炸制直至其完全浮起并呈金黄色且熟透，捞出装盘即可  
小吃成品	
成品特点	色泽金黄，体积膨大滚圆，皮薄酥脆，香甜可口
操作重点难点	（1）掌握面团软硬程度，面团略偏硬。 （2）擀制面皮时要薄厚均匀且宜偏薄。 （3）包制馅心时收口要收紧，避免炸的时候裂开。 （4）炸制时要控制油温，生坯下锅时推动以避免粘连

二、收档及整理

填写收档工作页及自查表。

任务名称	各岗位工作任务要素	工作评价			
收档工作记录	水台收档	规范		欠规范	
	切配收档	规范		欠规范	
	打荷收档	规范		欠规范	
	上什收档	规范		欠规范	
	炉头收档	规范		欠规范	
反思					

扫码看答案

练习与思考

一、练习

（一）选择题

1. 制作香脆酥饺时，加小苏打的作用是（　　）。
   A. 调节口味　　　B. 调制面粉黏度　　　C. 增加甜味　　　D. 皮酥脆

2. 下列不属于香脆酥饺特点的是（　　）。
   A. 色泽金黄　　　B. 外皮酥脆　　　C. 馅心咸香　　　D. 馅心香甜可口

（二）判断题

1. 制作香脆酥饺饼皮的主要原料是米粉。（　　）
2. 炸制酥饺时可以不加小苏打。（　　）

二、思考

制作饼皮的难点有哪些？

项目五
咸、甜汤食系列

扫码看课件

【项目目标】

1. 知识目标

(1) 能准确表述海南小吃之咸、甜汤食的选料方法。

(2) 能正确讲述与海南小吃之咸、甜汤食相关的饮食文化。

(3) 能介绍海南小吃之咸、甜汤食的成品特征及作品的应用范围。

2. 技能目标

(1) 能对海南小吃之咸、甜汤食的原料进行组配。

(2) 熟练掌握食材调制的方法,并能选择合适的调制方式完成海南小吃之咸、甜汤食配料的制作,按照制作流程独立完成海南小吃之咸、甜汤食的制作任务。

(3) 能运用合适的调制方式完成海南小吃之咸、甜汤食制作相关小吃。

(4) 掌握海南小吃之咸、甜汤食的选料方法、选料要求。

3. 思政目标

(1) 养成安全意识、卫生意识,树立爱岗敬业的职业意识。

(2) 在小吃的制作过程中,体验劳动、热爱劳动。

(3) 在对海南小吃之咸、甜汤食相关故事的研究和制作海南小吃之咸、甜汤食的实践中感悟海南小吃的烹饪文化。

(4) 在小吃制作中精诚合作、精益求精,体验真实的工作过程。

任务一

海南清补凉

 明确实训任务

制作海南清补凉。

 实训任务导入

海南清补凉的相关知识

清补凉有点像北方的八宝粥，但制作方法有异。制作清补凉时一般先将各配料煮熟后，加冰、糖水或椰子水食用。清补凉多以糖水及老火汤的形式出现，不同地区的制品有其独特的风味和食疗效果。经过改良，清补凉的汤料除了原先的冰、糖水和椰子水以外，还有椰奶、冰沙和冰激凌等。清补凉流行于中国海南、广东、香港和澳门、广西等地区，制作材料并不统一，有以健脾祛湿为主的，亦有以润肺为主者，通常有绿豆、红豆、薏米、通心粉、西米等，并加入西瓜等水果，但不同的店家常有其特色配料。

 实训任务目标

（1）能准确表述海南清补凉的选料特征和相关文化。

（2）能对海南清补凉的原料进行组配。

（3）熟练掌握椰奶的调制方法，并能选择合适的调制方式完成海南清补凉加工制作，按照制作流程独立完成海南清补凉的制作任务。

（4）能运用椰奶调制技法制作相关特色小吃。

（5）在对海南清补凉相关故事的研究和制作海南清补凉的实践中感悟海南特色的烹饪文化，在小吃的制作中精诚合作、精益求精，体验真实的工作过程。

 知识技能准备

一、清补凉的由来

海南清补凉是海南岛经典小吃之一，历史悠久，极具海南特色。清补凉在海南话中的读音为 xiéng bòu lēng，是夏天清热祛湿的老火汤，被誉为"舌尖上的清凉"，曾被苏轼誉为"椰树之上采琼浆，捧来一碗白玉香"。

与别的省份的清补凉相比，海南清补凉不但可以降火，而且甘甜爽口。海南清补凉，主要根据当地的气候、生活习惯，采用消暑降温原料。一般清补凉的原料少的有 10 多种，多的有 20 多种，海口街头巷尾常见清补凉的用料有花生、红豆、绿豆、通心粉、新鲜椰肉、红枣、西瓜粒、菠萝粒、鹌鹑蛋、凉粉块、珍珠、薏米、芋头丁等。在海南，万宁、琼海等市县的清补凉也深受当地市民的欢迎。据了解，琼海的清补凉，过去原料里有当归，现已少用。目前琼海的清补凉最有特色的一点是不加冰块，而用"炒冰"来搭配清补凉原料。

二、西米的概念

西米又叫西谷米，是用木薯粉、麦淀粉、苞谷粉加工而成的圆珠形粉粒。

三、西米的分类、用途

西米有小西米和大西米两种。小西米适合做羹、糊、露之类。大西米适合做甜点。选购西米时，要尽量选择色泽白净、光滑，用手揉时手感硬而不容易碎的。

  制作海南清补凉

一、小吃制作

填写小吃制作工作页。

实训产品	海南清补凉	实训地点	小吃实训室
操作步骤	❶ **工具**　电子秤、码斗、汤锅、片刀、砧板、多功能料理机、过滤袋等。 ❷ **原料** （1）主料：绿豆 20 g、红豆 20 g、薏米 20 g、中老椰子 1 个、清水适量、白糖 50 g。 （2）辅料：西米 10 g、贝壳粉 10 g、通心粉 5 g、芋头丁 20 g、汤圆 2 个、鹌鹑蛋 2 个、黑凉粉 10 g、花生米 10 g、西瓜 10 g、红枣 5 颗、葡萄干 10 g、甜玉米粒 10 g、冬瓜薏 20 g、熟花生碎 5 g。  ❸ **工艺流程** （1）分别将红枣、绿豆、花生米、红豆、薏米用温水浸泡约 150 分钟，颗粒饱满后蒸熟，西瓜切成方丁。 		

续表

操作步骤	（2）芋头丁、甜玉米粒、贝壳粉、通心粉、汤圆、冬瓜薏、西米分别用清水煮熟，鹌鹑蛋煮熟剥壳，黑凉粉中加100 mL清水煮沸腾后倒入盘中放凉，让其凝固后切成方丁待用。    （3）取白糖50 g，加300 mL清水煮成糖水放凉待用。 （4）椰肉榨汁：取出中老椰子中的椰肉，加入糖水后放多功能料理机打成蓉，用过滤袋滤出椰奶待用。   （5）将熟的绿豆、红豆、薏米、花生米、红枣、西米、贝壳粉、通心粉、芋头丁、汤圆、甜玉米粒、冬瓜薏、鹌鹑蛋和黑凉粉、西瓜放入碗中，加入椰奶浸泡片刻，待其入味后撒熟花生碎和葡萄干即可
小吃成品	
成品特点	口感清凉，消热解暑
操作重点难点	（1）煮西米时一定要开水下锅，否则会糊化。 （2）西米煮好后要焖一定的时间，才会变得晶莹剔透。 （3）绿豆、红豆提前泡水

二、收档及整理

填写收档工作页及自查表。

任务名称	各岗位工作任务要素	工 作 评 价			
收档工作记录	水台收档	规范		欠规范	
	切配收档	规范		欠规范	
	打荷收档	规范		欠规范	
	上什收档	规范		欠规范	
	炉头收档	规范		欠规范	
反思					

练习与思考

一、练习

（一）选择题

1. 煮西米时一定要（　　）下锅。

A. 冷水　　　　B. 开水　　　　C. 温水　　　　D. 先浸泡

2. 制作椰奶时应选用（　　）榨椰奶。

A. 嫩椰子　　　B. 中老椰子　　C. 椰蓉　　　　D. 椰宝

（二）判断题

1. 西米煮的时间越长越透明。（　　）
2. 制作椰奶时选择的椰子越嫩越好。（　　）

二、思考

煮西米时有哪些注意事项？

任务二

甜薯奶

 明确实训任务

制作甜薯奶。

 实训任务导入

甜薯奶的相关知识

甜薯，因其全身长毛也叫毛薯。海南人喜欢把甜薯去皮磨成薯泥后加入米粉揉成粉团，然后加糖水煮熟食用。在海南，甜薯奶还有另外一种叫法——甜薯甩。甜薯奶煮熟后，米团细滑可口诱人，汤汁浓白像牛奶。甜薯奶可以甜着吃，也可以做成咸味。

 实训任务目标

（1）能准确表述甜薯奶的选料特征和相关文化。

（2）能对甜薯奶的原料进行组配。

（3）熟练掌握米粉浆的调制方法，并能选择合适的调制方式完成甜薯奶加工制作，按照制作流程独立完成甜薯奶的制作任务。

（4）能运用米粉浆调制技法制作相关特色小吃。

（5）在对甜薯奶相关故事的研究和制作甜薯奶的实践中感悟海南特色的烹饪文化，在小吃的制作中精诚合作、精益求精，体验真实的工作过程。

 知识技能准备

制作甜薯奶时，首先把大米放在水里浸泡，然后磨成粉浆；接着把甜薯去皮，磨成糊状，将两种原料混合在一起，充分搅拌后，放在一边待用。等锅里水烧开后，左手抓起一团原料，握拳状，轻轻一挤，再将球状糊浆刮到滚水里，煮熟以后，就可以加调料了。爱吃甜味的加红糖和生姜片，不仅好吃，而且好看。

 制作甜薯奶

一、小吃制作

填写小吃制作工作页。

实训产品	甜薯奶	实训地点	小吃实训室
操作步骤	<div>❶ 工具　片刀、砧板、玻璃碗、码斗、汤锅、勺子、磨泥刨、过滤网、削皮刀等。 ❷ 原料 （1）主料：甜薯 500 g、粘米粉 120 g、清水 1500 mL。 （2）辅料：糯米粉 30 g、红糖 50 g、白糖 20 g、生姜 20 g、米粉糊 20 g、炼奶 50 g。  ❸ 工艺流程 （1）甜薯洗净去皮，用磨泥刨刨成泥。  （2）生姜切片，取 500 mL 清水，加红糖、白糖和生姜片熬成姜糖水（约 60 分钟）过滤待用。  （3）甜薯泥加粘米粉、糯米粉调和成稀软的团状。 </div>		

续表

操作步骤	（4）将剩下的清水煮开，左手抓起一团原料，握拳状，轻轻一挤，再用勺子将球状糊浆刮到滚水里，煮至浮起成熟捞出。  （5）将煮好的甜薯团加入姜糖水中煮沸腾，再将米粉糊加入搅拌至稍微黏稠，加入炼奶调匀后即可出锅 
小吃成品	
成品特点	口感软糯、香甜
操作重点难点	甜薯要选择质地良好、鲜甜的甜薯，保证制作后的口感和甜度；将甜薯做成"甩"的形状时，要防止粘连

二、收档及整理

填写收档工作页及自查表。

任务名称	各岗位工作任务要素	工作评价			
收档工作记录	水台收档	规范		欠规范	
	切配收档	规范		欠规范	
	打荷收档	规范		欠规范	
	上什收档	规范		欠规范	
	炉头收档	规范		欠规范	
反思					

海南小吃制作

练习与思考

一、练习

（一）选择题

1. 加米粉糊的作用是（　　）。
A. 调节口味　　　B. 调节黏度　　　C. 增加酸味　　　D. 使糖浆结块
2. 制作甜薯奶的主要原料是（　　）。
A. 木薯　　　　　B. 地瓜　　　　　C. 甜薯　　　　　D. 南瓜

（二）判断题

1. 甜薯切块后与所有粉类拌匀。（　　）
2. 煮糖浆时不需要白糖，只需要红糖。（　　）

二、思考

制作甜薯奶的关键点有哪些？

任务三

鸡屎藤粑仔

明确实训任务

制作鸡屎藤粑仔。

实训任务导入

鸡屎藤的相关知识

在一种食品名称的前面冠以"鸡屎"这种不雅的名字,可能令外地人倒胃口,但在海南岛的东边,鸡屎藤粑仔却是富有地方特色的风味滋补小吃。对许多海南人来说,鸡屎藤粑仔不仅承载着童年的记忆,还蕴含着母爱的温暖,以及那份对家乡、故土的深切眷恋。特别是旅居海外多年的华侨,一踏上家乡的土地,就急切地寻觅这种带有家乡泥土气息的小食。

鸡屎藤是一种蔓藤类植物,喜欢生长于气候温热、潮湿的灌木丛中,生命力很强。用手揉烂其叶后,初闻有一股鸡屎味,所以被称为鸡屎藤,但久闻有一股沁人肺腑的清香。

鸡屎藤具有清热、消炎、解毒、润肺醒脑的作用,民间称为土参。用叶捣粉后做汤可治咳嗽。其薯块可治血痨,叶子可治痢疾,嫩茎叶可以蒸食。其茎汁味甜,还可吸食。鸡屎藤果之汁液可治毒虫蜇伤(敷于患处),也可作为冻疮药。鸡屎藤根具有驱风镇咳、祛痰止泻、治疗感冒的作用。

按照海南一些地方的风俗,每年的七月初一,也就是"鬼开门"的第一天,家家户户必吃鸡屎藤粑仔。在以前贫困的岁月里,小孩子总是扳着手指算着"做节"的日子的到来,因为在海南,"做节"总是与有好吃的连在一起。一年一度的"七月初一"快来时,小孩子便欢呼:"有鸡屎藤粑仔吃喽!"每年这个时候,也是鸡屎藤长得最茂盛的时候。大人小孩手拎篮子,到山坡上、水沟边采摘鸡屎藤叶子。村子里,舂米粉的声音此起彼落,寂寥的山村上空,弥漫着一股鸡屎藤的清香,很是怡人。

在琼海,鸡屎藤是夜宵当之无愧的主角。夏天,一碗冰镇椰奶鸡屎藤粑仔,冰爽宜人,香甜糯软;冬季,一碗热腾腾的鸡屎藤粑仔,伴着红糖姜丝的香味,可以驱散一天的倦意。海南人用鸡屎藤做的小吃还有鸡屎藤汤圆和鸡屎藤米粉。

除了七月初一外,平常海南人也把鸡屎藤粑仔作为产后妇女、术后患者、体质虚弱者的滋补品,也有传说其有驱除小孩子肚中蛔虫的功效。小时候,常听大人一边舂米粉,一边"讲古"(讲故事)。当年琼崖纵队被围困在山上时,缺食少穿,缺医少药,战士们就靠挖野菜充饥,后来野菜也挖完了,好多战士都得了营养不良性水肿。当地老百姓闻讯后,就把鸡屎藤米粉装在竹扁担中，以打柴为名，躲过敌人的搜查。到了山上，把扁担扔在指定的地点，然后砍根树木当扁担，把木柴挑下山。老百姓就是这样，用朴素的感情、巧妙的办法和营养丰富的鸡屎藤米粉，帮助子弟兵渡过难关。

近年来，随着人们保健意识的增强，特别是对野生无污染植物的营养价值的了解，一些富有营养的地方食品被挖掘出来，名不见经传的符合绿色食品概念的鸡屎藤米粉已经登上商品货架，迈入宾馆酒家。过去名不见经传的符合绿色食品概念的"鸡屎藤粑仔"成为琼海最有名的小吃，1999 年，经过本地厨师的包装和提升，更被列为"中华名小吃"。

在南方不少地方，也有食鸡屎藤的习惯。农历三月三吃鸡屎藤，是广西北海本地人的一种传统习俗，吃法与海南相似，也是将鸡屎藤叶与大米混合研磨成粉，再做成一片片的鸡屎藤面，用这种面做成的鸡屎藤粑仔汤，味道清香甜美，是本地人喜爱的特色小吃。相传农历三月初三是中华民族的人文始祖轩辕黄帝的诞辰，北海人以此纪念这位伟人。

在云南曲靖，同样有很多人喜欢吃鸡屎藤。但曲靖不像琼海、北海等地会在三月三或七月初一专门吃鸡屎藤，带有很隆重的仪式的味道。在那里，只要是鸡屎藤发嫩芽的日子，当地人家就采摘食用，或用来炒肉，或是素炒，或是凉拌，就如同食普通的蔬菜一般简单、自然。

实训任务目标

（1）能准确表述鸡屎藤粑仔的选料特征和相关文化。

（2）能对鸡屎藤粑仔的原料进行组配。

（3）熟练掌握糯米粉团的调制方法，并能选择合适的调制方式完成鸡屎藤加工制作，按照制作流程独立完成鸡屎藤粑仔的制作任务。

（4）能运用糯米粉团调制技法制作相关特色小吃。

（5）在对鸡屎藤粑仔相关故事的研究和制作鸡屎藤粑仔的实践中感悟海南特色的烹饪文化，在小吃的制作中精诚合作、精益求精，体验真实的工作过程。

知识技能准备

鸡屎藤粑仔是广西、广东、海南等地流行的一道小吃，是很好的滋补品，有清热、解毒、去湿、补血的功能。

鸡屎藤其实是一种蔓藤类植物，喜欢生长于气候温热、潮湿的灌木丛中，生命力很强。在书本上，文人雅士为鸡屎藤取名"鸡矢藤"以除臭，但民间却仍然喜欢这种直白的称呼。

制作鸡屎藤粑仔

一、小吃制作

填写小吃制作工作页。

实训产品	鸡屎藤粑仔	实训地点	小吃实训室
操作步骤	❶ 工具　方盘、锅、砧板、刀、码斗、多功能料理机等。		

鸡屎藤粑仔

续表

	❷ 原料 （1）主料：粘米粉 150 g、糯米粉 100 g、鸡屎藤叶 100 g、清水适量。 （2）辅料：生姜 15 g、红糖 100 g、红枣 2 颗、鸡蛋 1 个。  ❸ 工艺流程 （1）生姜切丝备用。取 500 mL 清水，煮沸腾后加入姜丝、红糖慢煮约 1 小时，得到姜糖水待用。  （2）将鸡屎藤叶清洗干净，加入 220 mL 清水放入多功能料理机榨汁。  （3）将粘米粉和糯米粉加入鸡屎藤汁，揉成鸡屎米粉团。  （4）将鸡屎米粉团搓成小长条，切成小粒，放入撒了干粉的盒中，再用拇指、食指和中指搓成纽扣般大小均匀的粑仔。

操作步骤位于左栏。

续表

操作步骤	 （5）捏好粑仔后，将清水煮开，下锅煮熟，然后捞出放入碗内，加入姜糖，在锅中再打入一颗鸡蛋，煮沸腾，再倒入碗中和煮熟的粑仔混合，即可食用 
小吃成品	
成品特点	皮滑且有嚼劲，香甜适口，具有鸡屎藤本身特有的清香
操作重点难点	（1）熬制姜糖水。 （2）米粉团的软硬度。 （3）成型的大小。 （4）鸡屎藤粑仔煮制的时间

二、收档及整理

填写收档工作页及自查表。

任务名称	各岗位工作任务要素	工作评价			
收档工作记录	水台收档	规范		欠规范	
	切配收档	规范		欠规范	
	打荷收档	规范		欠规范	
	上什收档	规范		欠规范	
	炉头收档	规范		欠规范	
反思					

练习与思考

一、练习

（一）选择题

1. 鸡屎藤民间称（　　）。

A. 人参　　　　　B. 土参　　　　　C. 萝卜　　　　　D. 菜叶

2. 鸡屎藤粑仔的主料是（　　）。

A. 粘米粉　　　　B. 糯米粉　　　　C. 淀粉　　　　　D. 面粉

（二）判断题

1. 调制鸡屎藤粉团时越软越好成型。（　　）

2. 鸡屎藤粑仔是用面粉做的。（　　）

二、思考

制作鸡屎藤粑仔的关键点有哪些？

任务四

东阁粿仔

 明确实训任务

制作东阁粿仔。

 实训任务导入

东阁粿仔是海南文昌市著名小吃,"又圆又滑两头尖,左右逢源名声扬"说的正是文昌民间的传统小吃粿仔。粿仔,原产地为文昌市东阁镇,别看它个头小,里面没有像饺子所含的丰富肉馅等"内里乾坤",但是从熬红糖姜水到制作熟花生碎等辅料,层层工序都要注意"火候",考究师傅的"功夫"活儿。

作为海南地区的特色小吃,东阁粿仔以其独特的制作工艺和美味口感,在海南美食文化中占据着重要的地位。文昌民间谚语有云:"小吃小,能量大。小孩大人都能吃,文昌小吃甲天下。"如今哪都有它的影子,微辣甜润的味道令人回味无穷,也正如民间所说的"什么时候吃都可以""小孩大人都能吃"。多年来,由细米粉制作而成的粿仔自然而然地散发着浓浓的"养生味"。

 实训任务目标

(1)能准确表述东阁粿仔的选料特征和相关文化。
(2)能对东阁粿仔的原料进行组配。
(3)熟练掌握米筑制作方法,学会红糖浆水熬制方法,按照制作流程独立完成东阁粿仔的制作任务。
(4)能运用米筑调制技法制作相关特色小吃。
(5)在对东阁粿仔相关故事的研究和实践中感悟海南特色的烹饪文化,在小吃的制作中精诚合作、精益求精,体验真实的工作过程。

 知识技能准备

东阁粿仔的制作原料主要包括大米、生姜、红糖、白糖、熟花生碎、生粉。这些原料在制作过程中需要经过精选和处理。大米是制作东阁粿仔的主要原料之一,其特有的黏性和口感为东阁粿仔的成型和口感提供了基础。生姜、红糖则是东阁粿仔甜味的主要来源,它的比例和添加时机都会影响到东阁粿仔的口感和品质。

东阁粿仔的制作工艺非常讲究,需要经过多道工序和严格的火候控制。

 制作东阁粿仔

一、小吃制作

填写小吃制作工作页。

实训产品	东阁粿仔	实训地点	小吃实训室
操作步骤	<div>❶ **工具**　玻璃碗、多功能料理机、汤锅、砧板、片刀、码斗等。 ❷ **原料** （1）主料：大米 500 g、清水 1500 mL。 （2）辅料：生粉 50 g、生姜 25 g、红糖 100 g、白糖 100 g、熟花生碎。  ❸ **工艺流程** （1）大米洗净加水浸泡 1 小时，用多功能料理机打磨成米浆，再倒入布袋中扎紧收口，长时间用重物压住，挤压出多余的水分后取出成米筑待用。  （2）将生姜拍碎后，和白糖、红糖加清水煮沸腾，用 3 小时左右的文火慢炖成红糖姜水备用。  （3）在米筑内加入生粉和清水揉制成富有弹性的米团。炒锅中加清水烧滚。</div>		

东阁粿仔

续表

操作步骤	  （4）取一块米团放在左手虎口，掐出数小块，粘在左手手心上排开，双手合十，朝炒锅的方向滚搓成两头尖的粿仔，粿仔直接飞入滚水中，煮至浮起成熟后捞出盛碗。煮的过程中要搅拌以防止粘连。    （5）在煮好的粿仔里加入汤水，加上一勺红糖姜水、一勺熟花生碎即可  
小吃成品	
成品特点	温辣甜润，红糖水具有养血、活血的作用，生姜性温补，两者调和后，可改善体表循环，治疗伤风感冒
操作重点难点	（1）控制好生粉的比例。放多了会让米团变硬，放少了会让米团变软，吃的时候会粘牙。 （2）控制生姜、白糖、红糖的比例，不然糖浆会酸。 （3）搓的手法要注意，要搓成两头尖的粿仔

二、收档及整理

填写收档工作页及自查表。

任务名称	各岗位工作任务要素	工 作 评 价			
收档工作记录	水台收档	规范		欠规范	
	切配收档	规范		欠规范	
	打荷收档	规范		欠规范	
	上什收档	规范		欠规范	
	炉头收档	规范		欠规范	
反思					

扫码看答案

一、练习

（一）选择题

1. 加生粉的作用是（　　）。

A. 调节口味　　　　B. 调节大米黏度　　　　C. 增加红糖姜水黏稠度　　　　D. 使米团结块

2. 东阁粿仔应选用（　　）制作。

A. 粗砂糖　　　　B. 白糖　　　　C. 红糖　　　　D. 糖浆

（二）判断题

1. 制作红糖姜水时只加红糖。（　　）

2. 煮红糖姜水的过程中要不断搅拌。（　　）

二、思考

制作红糖姜水的难点有哪些？

任务五

海口猪杂汤

明确实训任务

制作海口猪杂汤。

实训任务导入

海口猪杂汤为海南十大小吃之一，具有质朴、安然的海口老街风味。原料白胡椒产自海南兴隆山地，所用猪杂来自农家黑猪。提及猪杂，人们大都因其异味而"敬而远之"，而这例靓汤消除了固有的观念，在制作中清除异味，将各种猪杂的味道相互融合，即是一锅汤的魅力所在。

海口猪杂汤一直以来都只是作为老爸茶的辅菜，因其价格平民化，为大众所喜爱，于2011海南特色美食文化节中海南餐饮业与琼菜发展高峰论坛上被评选为海南十大风味小吃之一，如今已经成为了海南地道小吃特有的文化印记。

实训任务目标

（1）能准确表述海口猪杂汤的选料特征和相关文化。

（2）能对海口猪杂汤的原料进行组配。

（3）熟练掌握猪杂的洗涤方法，并能选择合适的调制方式完成海口猪杂汤加工制作，按照制作流程独立完成海口猪杂汤的制作任务。

（4）能运用烹制高汤技法制作相关特色小吃。

（5）在对海口猪杂汤相关故事的研究和制作海口猪杂汤的实践中感悟海南特色的烹饪文化，在小吃的制作中精诚合作、精益求精，体验真实的工作过程。

知识技能准备

制作海口猪杂汤时选择农家黑猪猪杂（肠、血、肺、心、腰、肚），配上老姜、白胡椒粒与白萝卜等配料，为了提鲜，出炉的时候还会在碗里放上一层葱花和香菜，这样煮出来的猪杂汤，吃后缓缓流转在口腔，微妙的甜咸辣交错跑到胃里，真可谓人间美味。

一碗好吃的海口猪杂汤对食材的要求很高。首先，主料猪大肠、猪小肠、猪腰、猪肝、猪肺等要保证新鲜，因此店家的厨师们为了能够烹调出味美汤鲜的海口猪杂汤，甚至要很早去市场挑选原材料。其次，要放入开水中慢慢熬炖，将猪杂熬得味美鲜香、软嫩可口。这一整道菜味道香浓，汤色却很清，鲜美无比。

制作海口猪杂汤

一、小吃制作

填写小吃制作工作页。

实训产品	海口猪杂汤	实训地点	小吃实训室
操作步骤	<p>❶ 工具　不锈钢盆、片刀、汤锅、码斗、过滤网等。</p><p>❷ 原料</p><p>（1）主料：猪大肠 200 g、猪肺 200 g、猪腰 50 g、猪肝 50 g、猪肚 50 g、猪小肠 100 g、白萝卜 100 g、清水 3000 mL。</p><p>（2）辅料：生粉 500 g、白醋 500 g、料酒 100 g、白胡椒粒 20 g、盐 8 g、味精 10 g、老姜 50 g、小葱 50 g（小葱处理成葱花）、香菜 10 g（香菜切成段）。</p><p></p><p>❸ 制作流程</p><p>（1）用灌水法洗猪肺至其发白，用生粉及白醋反复清洗猪大肠、猪肚及猪小肠至没有异味，再去掉肥油；将猪腰、猪肝切成小片。</p><p></p><p>（2）将白胡椒粒拍碎，白萝卜去皮后切成小块；将小葱切成葱花，香菜切段。</p>		

海口猪杂汤

续表

操作步骤	 （3）汤锅中加水煮沸腾后加入料酒、老姜及小葱，先将猪腰及猪肝投入焯水后捞出，再将洗好的猪大肠、猪小肠、猪肺、猪肚加入焯水后捞出，分别切成小块。   （4）汤锅加清水煮沸腾，加入焯好的猪大肠、猪小肠、猪肺、猪肚，再加入胡椒碎文火煮约2小时，加入白萝卜煮熟，再加入猪腰、猪肝煮熟，加盐、味精调味。  （5）将煮好的猪杂汤盛碗，加入葱花和香菜即可 
小吃成品	
成品特点	猪杂口感多样，汤鲜味美，没有猪杂的异味

续表

操作重点难点	（1）猪杂清洗要彻底，去除干净油。 （2）熬制时白胡椒碎得足够。 （3）熬制时及时去除嘌呤

组织实训评价

二、收档及整理

填写收档工作页及自查表。

任务名称	各岗位工作任务要素	工 作 评 价	
收档工作记录	水台收档	规范	欠规范
	切配收档	规范	欠规范
	打荷收档	规范	欠规范
	上什收档	规范	欠规范
	炉头收档	规范	欠规范
反思			

 练习与思考

扫码看答案

一、练习

（一）选择题

清洗猪杂时选用什么清洗方法最佳？（　　）

A. 清水冲洗　　　B. 淀粉白醋清洗　　　C. 盐搓洗　　　D. 碱水清洗

（二）判断题

1. 制作海口猪杂汤时猪杂为了保持原汁原味，在清洗时不需要洗得很干净。（　　）
2. 熬制海口猪杂汤时为了汤汁更浓、更香，熬制时应该加入大量的白胡椒碎和白萝卜。（　　）

二、思考

制作海口猪杂汤的关键点有哪些？

项目六
特色米粉系列

扫码看课件

【项目目标】

1. 知识目标

（1）能准确表述特色米粉系列制品的选料方法。

（2）能正确讲述与特色米粉系列制品相关的饮食文化。

（3）能介绍特色米粉系列制品的成品特征及应用范围。

2. 技能目标

（1）能对特色米粉系列制品的原料进行组配。

（2）熟练掌握各式粉类调制的方法，并能选择合适的调制方式完成制作，按照制作流程独立完成特色米粉系列制品的制作任务。

（3）能运用合适的调制方式完成各式米粉类的制作，进而制作相关产品。

（4）掌握特色米粉系列制品的选料方法、选料要求。

3. 思政目标

（1）养成安全意识、卫生意识，树立爱岗敬业的职业意识。

（2）在小吃的制作过程中，体验劳动、热爱劳动。

（3）在对特色米粉系列制品相关故事的研究和制作特色米粉系列制品的实践中感悟海南小吃的烹饪文化，培养学生文化传承。

（4）在小吃制作中精诚合作、精益求精，体验真实的工作过程。

任务一

海南粉

明确实训任务

制作海南粉。

实训任务导入

海南粉遍布全岛。《正德琼台志》记载，当时全岛共有121个较大的墟市，都设有海南粉加工作坊和小摊。人们俗称的海南粉也称腌海南粉。

制作海南粉时用大米、番茨粉为原料制成米粉，加上老抽、蒜末、花生油或芝麻油、煮熟的黄豆芽、牛肉干、炸干鱿鱼丝、炸花生米、熟芝麻粉、薄脆、香菜末、酸笋丝及酸菜丝等辅料，拌制而成。

海南粉多味浓香，柔润爽滑，刺激食欲，故多吃而不腻，爱吃辣的加一点辣椒酱则更起味，吃到末尾剩下少量粉时，加进一小碗热腾腾的海螺汤掺和着吃，更是满口喷香，回味无穷。是节日喜庆必备的象征吉祥长寿的珍品。

实训任务目标

（1）了解海南粉的由来、寓意及其在节日、饮食文化中的应用。
（2）熟悉海南粉制作的相关设备、工具及使用方法。
（3）掌握海南粉制作步骤、安全生产规则及卫生意识。
（4）独立完成海南粉成品制作及盘饰工艺流程。

知识技能准备

一、米粉选购方法

1. 色泽　优质的米粉应该呈现大米天然的色泽，如果色泽过于鲜艳，可能是添加了化学成分的劣质米粉。

2. 气味　好的米粉打开包装后会有淡淡的米浆味，如果气味刺鼻或发腻，可能是添加了香精等添加剂。

3. 口感　好的米粉口感自然、软糯、细滑，回味清甜，而劣质米粉口感粗糙，过于香甜。

二、海南粉种类

1. 粗粉　配料比较简单，只在粗粉中倒入滚热的酸菜牛肉汤，撒上少许虾酱、辣椒、葱花、炸花生米即成。

2. 细粉　细粉就比较讲究，要用多种配料，味料和芡汁加以搅拌腌着吃。

 制作海南粉

一、小吃制作

填写小吃制作工作页。

海南粉

实训产品	海南粉	实训地点	小吃实训室
操作步骤	❶ **工具**　砧板、片刀、码斗、汤锅、炒锅、木铲、一次性手套等。 ❷ **原料** （1）主料：海南湿细米粉 500 g。 （2）辅料：酸笋丝 60 g、酸菜丝 20 g、红萝卜丝 20 g、牛肉干 20 g、炸干鱿鱼丝 20 g、瘦肉丝 20 g、黄豆芽 20 g、炸花生米 15 g、熟芝麻粉 10 g、薄脆 10 g、蒜末 70 g、小红葱头 50 g、葱花 15 g、香菜末 15 g、姜片 1 5 g、小海螺 250 g、小葱 100 g。 （3）调料：调和油 100 ml、花生油 300 ml、生抽 80 g、糖 120 g、老抽 30 g、清水适量、蚝油 100 g、水淀粉 30 g、鸡粉 30 g、胡椒粉 10 g、骨汤 500 ml、细盐 3 g。  ❸ **工艺流程** （1）蒜香油调制：取 20 g 小红葱头切片，取小葱切出 20 g 葱白末；汤锅烧热后加入调和油加热至六成，放入红葱片、葱白末慢火熬至微黄，再加入蒜末 30 g，继续慢火熬至金黄色，离火放凉待用。 

续表

操作步骤	（2）干拌汁调制：炒锅烧热后加入50 mL花生油，再加入生抽50 g、老抽30 g、糖60 g、清水适量入炒锅一同熬，不停搅拌，小火慢熬，熬制糖溶化，色泽光亮，有糖色，微微黏稠即可，倒出待用。  （3）卤汁调制：炒锅烧热后加入花生油，投入红葱片、小葱、姜片慢火爆香，加入骨汤煮沸腾后用文火煮20分钟，捞出料头，加入蚝油、细盐、生抽、鸡粉调味，再加入老抽调色，转大火煮沸腾后慢慢加入水淀粉勾芡至适合浓稠度，再加入少许酸笋丝煮沸腾即可。  （4）取酸笋丝、酸菜丝、胡萝卜丝、黄豆芽，分别起锅加花生油、蒜末炒熟，加蚝油、细盐、糖、鸡粉调味；取瘦肉丝，加老抽、生抽、蚝油、鸡粉、糖、胡椒粉、生粉抓腌调好味，起锅加花生油烧热，加入腌好的瘦肉丝，炒至干香。  （5）汤锅加入清水，冷水放入小海螺煮沸腾，加细盐、胡椒粉调好即可。  （6）将海南湿细米粉放入圆盘内，先加入蒜香油把粉拌开，再加入干拌汁拌匀，淋上卤汁，依次码上所有配菜，再撒上少许蒜末、葱花、香菜末、熟芝麻粉、炸花生米及薄脆，出品时配上一碗海螺汤即可

续表

操作步骤	   
小吃成品	
成品特点	多味浓香，柔润爽滑，口味甜鲜浓厚，酱香回味
操作重点难点	（1）海南粉制作过程及炼制蒜香油的火候、时间。 （2）卤汁、干拌汁调制时的味型及芡汁的浓稠

二、收档及整理

填写收档工作页及自查表。

任务名称	各岗位工作任务要素	工作评价			
收档工作记录	水台收档	规范		欠规范	
	切配收档	规范		欠规范	
	打荷收档	规范		欠规范	
	上什收档	规范		欠规范	
	炉头收档	规范		欠规范	
反思					

一、练习

（一）选择题

海南粉主要选用什么粉？（　　）

A. 海南湿细米粉　　　　B. 海南河粉　　　　C. 粗粉　　　　D. 米线

（二）判断题

1. 选用糯米制作的米粉为最佳。（　　）

2. 制作海南粉卤汁时不需要淋芡，越稀越好。（　　）

二、思考

制作海南粉过程中应注意哪些关键点？

任务二

抱罗粉

 明确实训任务

制作抱罗粉。

 实训任务导入

由于海南岛地处我国最南端，粮食类以大米为主，所以米粉类小食在海南比较普遍，抱罗粉则是其中比较有代表性的一种。抱罗粉因盛起于文昌市的抱罗镇而得名。抱罗粉属汤粉类，其贵在汤好，汤质清幽，鲜美可口，香甜麻辣。抱罗粉的汤较甜，是一种独特的鲜甜，甜而不腻，且甜中带酸，酸中带辣，其味妙不可言。

 实训任务目标

（1）了解抱罗粉的由来、寓意及其在节日、饮食文化中的应用。
（2）熟悉抱罗粉制作的相关设备、工具及使用方法。
（3）掌握抱罗粉制作步骤、安全生产规则及卫生意识。
（4）独立完成抱罗粉成品制作及盘饰工艺流程。

 知识技能准备

抱罗粉制作米的选购

制作抱罗粉时一般选择籼米。

1. 特点 籼米称长米、仙米，是用籼型非糯性稻谷制成的米。它属于米的一个特殊种类，细长形，米色较白，透明度比其他种类差一些。

2. 质地 籼米长者长度在 7 mm 以上，黏性较小，米质较脆，加工时易破碎，横断面扁圆形，白色透明的较多，也有半透明和不透明的。

3. 品种 根据稻谷收获季节，分为早籼米和晚籼米。

（1）早籼米：米粒宽厚而较短，呈粉白色，腹白大，粉质多，质地脆弱，易碎，黏性小于晚米，质量较差。

（2）晚籼米：米粒细长而稍扁平，组织细密，一般是透明或半透明，腹白较小，硬质粒多，油性较大，质量较好。

优质籼米熟米饭：煮食籼米时，因为它吸水性强，膨胀程度较大，所以出饭率相对较高，比较适合做米粉、萝卜糕或炒饭。

制作抱罗粉

一、小吃制作

填写小吃制作工作页。

实训产品	抱罗粉	实训地点	小吃实训室
操作步骤	\multicolumn{3}{l}{}		

抱罗粉

操作步骤：

❶ **工具**　砧板、片刀、码斗、汤锅、炒锅、木铲、一次性手套等。

❷ **原料**

（1）主料：海南抱罗粉 500 g、牛大骨 1 条。

（2）辅料：酸笋丝 60 g、酸菜丝 20 g、锦山牛肉干 30 g、黄豆芽 20 g、炸花生米 15 g、熟芝麻粉 10 g、薄脆 10 g、蒜末 70 g、小红葱头 50 g、小葱 100 g、葱花 15 g、香菜末 15 g、姜片 15 g。

（3）调料：调和油 100 mL、花生油 30 mL、生抽 80 g、五香南乳 10 g、糖 120 g、老抽 30 g、清水 200 mL、蚝油 100 g、水淀粉 30 g、鸡粉 30 g、细盐 3 g、胡椒碎 20 g。

❸ **工艺流程**

（1）牛大骨焯水，加清水及胡椒碎大火煮沸腾，汤滚时要不断把沫撇净，转文火熬至骨味完全渗出（约 6 小时），制成牛骨汤待用。

（2）蒜香油调制：取小红葱头切片，取小葱切出 20 g 葱白末；汤锅烧热加入调和油，加热至 6 成，放入红葱片、葱白末慢火熬至微黄，再加入蒜末 30 g，继续慢火熬至金黄色后离火放凉待用。

续表

操作步骤	 （3）卤汁调制：炒锅烧热后加入花生油，投入红葱片、小葱、姜片慢火爆香，加入牛骨汤煮沸腾后用文火煮20分钟，捞出料头，加入蚝油、五香南乳、细盐、生抽、鸡粉调味，开大火煮沸腾后慢慢加入水淀粉勾芡至适合浓稠度，再加入老抽调色，最后加入少许酸笋丝煮沸腾即可。  （4）平底锅烧热后加花生油，加入少许蒜末入锅爆香，把酸笋丝加入炒热，再加蚝油、细盐、糖、鸡粉调味，酸菜丝、黄豆芽炒熟方法和酸笋丝相同。  （5）将抱罗粉在滚水中焯烫一下后捞出放在碗中，淋上蒜香油、卤汁，依次码上所有配菜，再撒上少许葱花、葱白末、香菜末、熟芝麻粉、炸花生米及薄脆，出品时配上一碗牛骨汤即可 
小吃成品	
成品特点	抱罗粉洁白柔软爽滑，米香浓郁、味鲜，辅料酱香，回味无穷
操作重点难点	（1）烫制粉时，时间不宜过长，沸水下锅。 （2）调制卤汁时，掌握好味型和浓稠度

二、收档及整理

填写收档工作页及自查表。

任务名称	各岗位工作任务要素	工作评价			
收档工作记录	水台收档	规范		欠规范	
	切配收档	规范		欠规范	
	打荷收档	规范		欠规范	
	上什收档	规范		欠规范	
	炉头收档	规范		欠规范	
反思					

 练习与思考

一、练习

（一）选择题

抱罗粉中的粉的制作原料是（　　）。

A. 籼米　　　　B. 糯米　　　　C. 面粉　　　　D. 淀粉

（二）判断题

1. 蒜香油在调制时火越大香味就越足。（　　）
2. 抱罗粉粉煮制时间越长越好。（　　）

二、思考

制作抱罗粉时应注意的关键点有哪些？

扫码看答案

任务三 陵水酸粉

 明确实训任务

制作陵水酸粉。

 实训任务导入

陵水酸粉是海南省的一种特色小吃,酸辣甜香,佐料丰富,味道极其鲜美,令人回味无穷。陵水是海南省的一个县,全名为陵水黎族自治县,由于陵水制作的酸粉最为正宗,也最好吃,因此陵水酸粉有时也称海南粉。随着陵水酸粉在海南省内传播,其他一些市县也有人制作酸粉,但味道却不如陵水原创地区的味道正宗。

 实训任务目标

(1)了解陵水酸粉的由来、寓意及其在节日、饮食文化中的应用。
(2)熟悉陵水酸粉制作的相关设备、工具及使用方法。
(3)掌握陵水酸粉制作步骤、安全生产规则及卫生意识。
(4)独立完成陵水酸粉成品制作及盘饰工艺流程。

 知识技能准备

干米粉适合存放在干燥、避光、通风良好的环境中。应将干米粉放在密封袋中,然后放在阴凉、干燥的橱柜或避光通风处。避免潮湿,以防止米粉吸潮硬结或产生霉菌。

米粉的保质期通常为10~12个月,但具体时间应以环境为准,不同类型的米粉,如红薯粉,如果其水分含量极低,在低温、低湿度条件下,其保质期可能长达3~5年。储存注意事项:储存地点应保持清洁卫生,避免与污染物质接触。同时,要避免异味物质对米粉的影响。如果容器储存过其他有异味的物质,需要清洗干净后再使用。

 制作陵水酸粉

一、小吃制作

填写小吃制作工作页。

实训产品	陵水酸粉	实训地点	小吃实训室
操作步骤	<td colspan="3">

❶ **工具**　砧板、片刀、码斗、玻璃碗、炒锅、木铲、一次性手套、过滤网、蛋抽等。

❷ **原料**

（1）主料：干细米线 200 g。

（2）辅料：鱼饼 30 g、干鱿鱼丝 15 g、小鱼仔 15 g、韭菜 50 g、空心菜 50 g、牛肉干 15 g、炸花生米 15 g、香菜末 15 g、蒜末 80 g、小红葱头末 50 g、姜末 50 g、小青桔 150 g、清水 200 mL、凉开水 100 ml。

（3）调料：冰花酸梅酱 30 g、番茄沙司 30 g、甜辣酱 30 g、排骨酱 30 g、美味香酱 30 g、蒜蓉辣椒酱 30 g、生抽 30 g、蚝油 30 g、面粉 15 g、生粉 30 g、白醋 20 g、白糖 30 g、味精 15 g、盐 5 g、花生油 60 ml、熟猪油 50 g。

❸ **工艺流程**

（1）将冰花酸梅酱、番茄沙司、甜辣酱、排骨酱、美味香酱、蒜蓉辣椒酱、生抽、蚝油、面粉、生粉、蒜末、小红葱头末、姜末、清水混合拌匀。

（2）卤汁调制：炒锅烧热后加入花生油、蒜末爆香，倒入拌好的混合酱汁，用大火边煮边搅拌直至煮沸腾，沸腾后再煮 7 分钟左右，加盐、味精、熟猪油调好味道即可。

（3）酸汁调制：将小青桔挤出汁，在凉开水中加入青桔汁、蒜末、小红葱头末、姜末、甜辣酱、蒜蓉辣椒酱、白糖、白醋拌匀即可。

</td> |

陵水酸粉

续表

操作步骤	 （4）将鱼饼过热油炸香，干鱿鱼丝及小鱼仔分别过热油炸香。  （5）将韭菜、空心菜分别放入沸水中烫煮3分钟捞起来，过凉水，将干细米线放入沸水中烫煮3分钟捞出来，过凉水沥干备用。   （6）将米粉放入碗中，依次码入鱼饼、干鱿鱼丝、小鱼仔、韭菜、空心菜、牛肉干，淋上卤汁及酸汁，再撒上炸花生米及香菜末即可 
小吃成品	

续表

成品特点	米香浓郁，口感顺滑，清爽可口，卤汁风味独特
操作重点难点	（1）调制的酸汁口味清爽，不过于浓稠。 （2）烫制米粉的时间不宜过长

组织实训评价

二、收档及整理

填写收档工作页及自查表。

任务名称	各岗位工作任务要素	工 作 评 价			
收档工作记录	水台收档	规范		欠规范	
	切配收档	规范		欠规范	
	打荷收档	规范		欠规范	
	上什收档	规范		欠规范	
	炉头收档	规范		欠规范	
反思					

练习与思考

扫码看答案

一、练习

（一）选择题

陵水酸粉中的粉应选用什么米粉？（　　）

A. 高粱米粉　　　　　B. 纯米粉　　　　　C. 红薯粉　　　　　D. 糯米粉

（二）判断题

1. 卤汁熬制时间越长越好。（　　）
2. 陵水酸粉卤汁味型鲜、酸，其中酸味突出。（　　）

二、思考

制作陵水酸粉过程中的关键点有哪些？

任务四

儋州米烂

 明确实训任务

制作儋州米烂。

 实训任务导入

在古代,长坡很长一段时间是用来屯军的,很可能是广西的军人将米线的制作技术带到了长坡,并在当地进行了改良,从而创造出了米烂这一美食。随后,米烂从长坡逐渐传播到了儋州各地。

 实训任务目标

(1)了解儋州米烂的由来、寓意及其在节日、饮食文化中的应用。
(2)熟悉儋州米烂制作的相关设备、工具及使用方法。
(3)掌握儋州米烂制作步骤、安全生产规则及卫生意识。
(4)独立完成儋州米烂成品制作及盘饰工艺流程。

 知识技能准备

籼米与粳米的区别

一、品种区别

籼稻粒形较长,长度是宽度的3倍以上,扁平,茸毛短而稀,一般无芒,稻壳较薄,腹白较大,硬质粒较少,加工时易碎,出米率较低。

粳稻粒形较大短切,长度是宽度的2倍左右,茸毛长而密,芒较长,稻壳较厚,腹白小或没有,硬质粒多,出米率高。

二、外观区别

籼米一般呈长椭圆形或细长形,粳米米粒则呈椭圆形,虽然籼米也有呈椭圆形的,但没有粳米那样圆。

三、营养成分和口感方面

籼米和粳米的营养成分和口感有着很大的差别。籼米的蛋白质含量超过8%,粳米只有7%;

粳米的胶稠度要求大于70，籼米只要求超过60。因此粳米显然要比籼米黏得多。

 制作儋州米烂

一、小吃制作

填写小吃制作工作页。

实训产品	儋州米烂	实训地点	小吃实训室
操作步骤	❶ 工具　砧板、片刀、码斗、瓷碗、汤锅、炒锅、木铲、一次性手套等。 ❷ 原料 （1）主料：湿细米粉300 g。 （2）辅料：干鱿鱼丝15 g、牛肉干丝15 g、虾米5 g、豇豆20 g、豆芽20 g、胡萝卜20 g、酸菜丁20 g、香菜末5 g、香芹末5 g、葱花5 g、蒜末50 g、炸花生米15 g、熟芝麻粉10 g、干葱末20 g、清水100 mL。 （3）调料：调和油500 mL、蚝油20 g、生抽20 g、鸡精20 g、白糖10 g、老抽5 g、盐5 g。  ❸ 工艺流程 （1）蒜香油调制：汤锅烧热后加入100 mL调和油加热至六成，加入干葱末、蒜末慢火熬至蒜末、干葱末变为金黄色即可倒出备用。  （2）味汁调制：汤锅烧热后加入调和油，将少许蒜末入锅爆香，下入蚝油、生抽爆香，加入100 mL清水煮沸腾，使香味溢出，再加入鸡精、白糖进行调味，下入少许老抽调色（味鲜咸）备用。		

儋州米烂

续表

操作步骤	（3）炒锅烧热后下调和油，加蒜末爆香，放入切好的豇豆炒熟，加盐、白糖、鸡精调味。豆芽、香芹末、胡萝卜、酸菜丁炒熟的方法与豇豆相同。（4）炒锅烧热后加调和油，把干鱿鱼丝、牛肉干丝、虾米分别炸香。（5）将湿细米粉放入沸水中烫热，放入碗中，把所有调制好的配菜码在米粉上，淋上味汁及蒜香油，撒上香菜末、香芹末、葱花、炸花生米、熟芝麻粉即可
小吃成品	
成品特点	色泽金黄，粉香浓郁，辅料酱香，口味咸鲜浓郁，回味无穷

续表

制作重点难点	（1）米粉烹调时间不宜过长，注意蒜香油炼制的火候。 （2）掌握制作过程的技巧，味汁调制的味型要突出咸鲜

二、收档及整理

填写收档工作页及自查表。

任务名称	各岗位工作任务要素	工 作 评 价			
收档工作记录	水台收档	规范		欠规范	
	切配收档	规范		欠规范	
	打荷收档	规范		欠规范	
	上什收档	规范		欠规范	
	炉头收档	规范		欠规范	
反思					

 练习与思考

扫码看答案

一、练习

（一）选择题

儋州米烂主要突显什么味型？（　　）
A. 酸、甜、鲜适中　　　B. 浓香　　　C. 咸鲜　　　D. 酱香

（二）判断题

1. 制作儋州米烂调制味汁时颜色越深越好。（　　）
2. 儋州米烂主要突出海鲜的鲜味。（　　）

二、思考

儋州米烂的制作过程中应注意的关键点有哪些？

任务五

后安粉

 明确实训任务

制作后安粉。

 实训任务导入

早在宋代，有一伙闯荡江湖的恶徒到后安逞凶作恶，老百姓深受其害。后来，后安镇上一名武功超群的青年挺身而出，带领大家把这伙恶徒赶跑了。有位年方16岁的姑娘，爱上了这位小伙子，就精心挑选了特产海鲜，熬制了粉条汤，答谢这位青年，以示爱意。由于味道鲜美、独特，便流传至今。后安粉的产地在万宁的后安，后安镇是一个小镇，人不多，但是整个镇几乎到处都是粉店，到处都飘扬着后安粉的香味。人们似乎已经将后安粉视为自己生命中不可缺少的一部分。早餐是它，一碗浓汤敲开了一天的忙碌，你可以让自己完全沉醉于浓香的汤水中，忘却那些凡事的纷扰，做一个和后安镇一样宁静、与世无争的人。

 实训任务目标

（1）了解后安粉的由来、寓意及其在节日、饮食文化中的应用。
（2）熟悉后安粉制作的相关设备、工具及使用方法。
（3）掌握后安粉制作步骤、安全生产规则及卫生意识。
（4）独立完成后安粉成品制作及盘饰工艺流程。

知识技能准备

一、如何选购猪大肠？

1. 看颜色 新鲜的猪大肠略带灰色，如果有些猪大肠颜色很深，甚至有黑色等颜色掺杂其中，说明产品变质或制作过程不干净，或者添加酱料过度，不宜购买。

2. 闻气味 新鲜的猪大肠带有一点肉腥味，如果是清洗干净的，这种异味比较淡，有明显生肉味道及其他异味者可能是微变质或清洗不干净的产品。熟的猪大肠有股很香的味道，是猪肠衣自然的香气，如果掺杂了其他浓烈的香料等特殊味道，说明加工过程中加入了过多的添加剂，对人体不利。这样的猪大肠不要买。

3. 触摸 优质的猪大肠表面比较干燥，如果是湿润的，要求不粘手。变质的猪大肠会很粘手,根本拿不住。

二、如何选购河粉?

1. 闻气味 优质的河粉有淡淡的河粉味,干河粉一般没有气味。有明显的油味或者其他异味或杂味的都是劣质或变质河粉,不要购买。

2. 看组织状态 优质的鲜河粉质地细腻,有韧性和弹性,不易断裂;干河粉要求表面光滑不粘手,没有受潮。

制作后安粉

一、小吃制作

填写小吃制作工作页。

实训产品	后安粉	实训地点	小吃实训室
操作步骤	❶ 工具 砧板、片刀、码斗、不锈钢盆、砍刀、瓷碗、汤锅、过滤网等。 ❷ 原料 (1)主料:河粉500 g、猪脸骨500 g、猪筒骨500 g、猪大肠200 g、猪小肠100 g、猪梅花肉50 g、清水适量。 (2)辅料:生粉500 g、白醋500 g、料酒200 g、老姜20 g、虾粉30 g、酥炸粉20 g、小葱50 g、白胡椒粒20 g、葱花10 g、坡芹丁10 g、花生油20 ml。 (3)调料:鸡精5 g、味精5 g、盐5 g。  ❸ 工艺流程 (1)将猪骨(猪脸骨和猪筒骨)进行初加工(清洗,斩件);用生粉及白醋反复清洗猪大肠和猪小肠至没有异味,再去掉肥油;将猪梅花肉切小片,加少许盐、鸡精、生粉、花生油腌制。		

后安粉

操作步骤

（2）炒锅中加水煮沸腾后加入料酒、老姜及小葱，将洗好的猪大肠、猪小肠和猪筒骨加入焯水后捞出，分别切成小块。

（3）汤锅加清水煮沸腾，加入焯好的猪大肠、猪小肠、猪骨和白胡椒粒文火煮约3个小时成底汤，加入腌好的猪梅花肉，煮熟后加盐、鸡精、味精调味。

（4）取酥炸粉，加少许清水调成糊状后加入虾粉调匀，将花生油加热至160 ℃，用过滤网滤入热油中炸成金黄色虾酥。

（5）取河粉，在沸水中烫一下后捞出，放在碗内，盛入底汤，撒上虾酥、葱花、坡芹丁

续表

小吃成品	
成品特点	汤汁浓郁，粉香浓厚，口味鲜甜，辅料鲜润，刺激食欲
操作重点难点	（1）后安粉的制作工艺及虾酥炸制过程。 （2）汤汁熬制颜色及浓稠度

制订实训任务工作方案

进入厨房工作准备

组织实训评价

二、收档及整理

填写收档工作页及自查表。

任务名称	各岗位工作任务要素	工作评价			
收档工作记录	水台收档	规范		欠规范	
	切配收档	规范		欠规范	
	打荷收档	规范		欠规范	
	上什收档	规范		欠规范	
	炉头收档	规范		欠规范	
反思					

练习与思考

一、练习

（一）选择题

制作后安粉汤时如何使汤汁保持浓郁？（　　）

A. 大火煲　　　　B. 小火煲　　　　C. 煲制时间保持3小时　　　　D. 加入香精

（二）判断题

1. 猪大肠在烹调时不需要焯水，可直接熬制。（　　）
2. 后安粉中的河粉不需要烫制，这样口感会更好。（　　）

二、课后思考

制作后安粉过程中应注意的关键点有哪些？

扫码看答案

任务六

海南伊面汤

 明确实训任务

制作海南伊面汤。

 实训任务导入

相传 300 多年前福建闽南府尹伊秉绶宴客,厨师在忙乱中误将煮熟的蛋面放入沸油中,捞起以后只好用上汤泡过才端上席。谁知这种蛋面竟赢得宾主齐声叫好,体质松而不散,吃起来爽滑甘美。海南属于闽南文化区,经过长期的文化交融,形成了独特的海南风味。在海南,伊面汤出现在早餐和夜宵中。制作伊面汤时,一般是用预先煮好的大骨头汤烹调,面细柔软,口感嫩滑,可以选择的配料很多,常配切好的青菜、葱花、虾仁、蟹柳、猪肉、牛肉、腊肠、猪肝等小料一起烹调,再加入盐和味精,出锅后加入蒜香油就可以食用了。

 实训任务目标

(1)了解海南伊面汤的由来、寓意及其在节日、饮食文化中的应用。
(2)熟悉海南伊面汤制作的相关设备、工具及使用方法。
(3)掌握海南伊面汤制作步骤、安全生产规则及卫生意识。
(4)独立完成海南伊面汤成品制作及盘饰工艺流程。

 知识技能准备

一、伊面小知识

海南伊面是一种非常有特色的面食。简单来说,伊面是一种经过油炸处理的鸡蛋面,具有顺滑绵软的口感和金黄色的外观。这种独特的面食传到海南并融合海南人的饮食口味后变得清淡,成为独具海南特色的伊面汤。

二、伊面选购

闻气味:伊面有着独特的蛋香和油炸后的酥脆口感,有明显的油味或者其他异味者都是劣质或变质伊面,不要选用。

制作海南伊面汤

一、小吃制作

填写小吃制作工作页。

实训产品	海南伊面汤	实训地点	小吃实训室
操作步骤	❶ 工具　砧板、码斗、汤锅等。 ❷ 原料 （1）主料：伊面 150 g、猪筒骨 500 g。 （2）辅料：海虾 2 只、海白 2 个、瘦肉片 20 g、猪腰片 20 g、熟猪肚片 20 g、腊肠片、小白菜 60 g、葱花 5 g。 （3）调料：蒜香油 15 g、盐 5 g、鸡粉 5 g、白胡椒粉 2 g、生粉 5 g、料酒 3 g、花生油 10 ml。  ❸ 工艺流程 （1）将猪筒骨斩件清洗干净，焯水后入汤锅熬制猪骨汤（4 小时）备用。  （2）取瘦肉片及猪腰片，用盐、料酒、白胡椒粉、生粉、花生油调味抓拌腌制；小白菜洗净。 		

海南伊面汤

续表

操作步骤	（3）在汤锅里加入熬好的猪骨汤，下入海白，大火煮沸腾，再放入熟猪肚片、腊肠片、伊面、小白菜、海虾和腌好的瘦肉片、猪腰片，至沸腾成熟，加鸡粉、盐、白胡椒粉调味即可。  （4）将煮好的伊面倒入瓷碗中，面上淋入蒜香油，撒少许葱花即可 
小吃成品	
成品特点	汤色浓白，汤汁浓香且鲜
操作重点难点	（1）海南伊面汤的制作工艺。 （2）伊面烹制时间不宜过长。 （3）汤汁奶白、鲜香浓厚

二、收档及整理

填写收档工作页及自查表。

任务名称	各岗位工作任务要素	工 作 评 价			
收档工作记录	水台收档	规范		欠规范	
	切配收档	规范		欠规范	
	打荷收档	规范		欠规范	
	上什收档	规范		欠规范	
	炉头收档	规范		欠规范	
反思					

练习与思考

扫码看答案

一、练习

（一）选择题

海南伊面汤在制作中如何保持伊面最好的口感？（　　）

A.大火滚沸　　B.小火滚沸　　C.大火滚沸时间不宜过长　　D.汤汁滚沸熄火浸泡

（二）判断题

1.汤底熬得时间越久味道越浓郁。（　　）

2.海南伊面汤中的辅料以海鲜为主。（　　）

二、思考

海南伊面汤的制作过程中应注意的关键点有哪些？

附录

常用工具

a. 切模　　　　　　b. 擀面杖　　　　　　c. 面粉筛

d. 切面刀　　　　　e. 温度计　　　　　　f. 锡纸

g. 保鲜膜　　　　　h. 电子秤　　　　　　i. 不锈钢盆

j. 不锈钢四面刨　　k. 削皮刀　　　　　　l. 码斗

附录 常用工具

m. 木铲

n. 坐式椰蓉刨

o. 量杯（50 mL）

p. 量杯（100 mL）

q. 平底锅

r. 过滤网

s. 不锈钢蒸盘

t. 多功能料理机

u. 万能蒸烤箱

v. 电磁炉

w. 炒锅